LE

BASSIN CRÉTACÉ DE FUVEAU

ET LE

BASSIN HOUILLER DU NORD

TOURS. — IMPRIMERIE DESLIS FRÈRES.

LE

BASSIN CRÉTACÉ DE FUVEAU

ET LE

BASSIN HOUILLER DU NORD

PAR

M. Marcel BERTRAND,

Ingénieur en chef des Mines, Membre de l'Institut.

(Extrait des ANNALES DES MINES, livraison de Juillet 1898.)

PARIS

Vve CH. DUNOD, ÉDITEUR

LIBRAIRE DES CORPS NATIONAUX DES PONTS ET CHAUSSÉES, DES MINES ET DES TÉLÉGRAPHES

49, Quai des Grands-Augustins, 49

1898

LE
BASSIN CRÉTACÉ DE FUVEAU
ET LE
BASSIN HOUILLER DU NORD

On est souvent ramené par des voies différentes à l'étude des mêmes questions. C'est ce qui vient de m'arriver dans des recherches entreprises à propos de la galerie à la mer des Charbonnages des Bouches-du-Rhône. J'ai trouvé que le bassin crétacé de Fuveau présentait, sur son bord méridional, une structure presque identique à celle du bassin houiller du Nord. Rien n'y manque : la faille d'Abscon, la faille limite et la grande faille du Midi, tous les grands traits ont leur analogue ; on retrouve le lambeau d'Abscon et celui de Denain ; on dirait presque la reproduction d'un ancien modèle. Sans doute il y a quelques différences de détail ; mais les ressemblances sont si grandes que l'étude d'un des bassins peut aider à comprendre l'autre. Et en particulier celui du Midi, où les couches sont bien découvertes, sur lequel il n'y a pas de manteau discordant, jette un jour précieux sur certaines parties encore discutées du bassin du Nord. J'exposerai d'abord les faits relatifs à la région de Fuveau, je les comparerai ensuite à ceux de la région de Valenciennes, et je profiterai de cette occasion pour discuter les objections que M. Chapuis (*) a faites à mon dernier travail.

I. — Bordure du bassin de Fuveau.

Le bassin de Fuveau a été, ici même, en 1883, l'objet d'une remarquable étude de M. Villot, alors ingénieur en chef des Mines à Marseille (**). Les faits relevés par les exploitations y sont très clairement exposés et interprétés avec une grande sagacité ; mais l'étude géologique de la bordure jurassique et crétacée n'avait encore été faite qu'à grands traits ; il était difficile d'en tirer parti, et il y avait là une lacune inévitable dans une description d'ensemble.

La bordure a été pour la première fois étudiée en détail par M. Collot, qui a tracé, pour la carte géologique détaillée, les contours de la feuille d'Aix. M. Collot a bien reconnu et figuré exactement les principales singularités de la région, les fréquentes suppressions de couches, qui, dans sa première minute, sont accusées par des traits de faille, l'étrange bande de trias, qui, comme jetée au travers des terrains les plus variés, va se terminer avec sa plus grande largeur au milieu d'une bande aptienne, la petite traînée de poudingues qu'il a justement attribuée au crétacé supérieur et qui se montre partout encadrée entre des terrains beaucoup plus anciens. M. Collot, avec qui j'ai eu le plaisir de parcourir alors la région, jugeait qu'il y avait là des faits inexpliqués et jusqu'à nouvel ordre inexplicables. Dans une publication postérieure (****) il a

(*) *Annales des Mines*, août 1895.
(**) *Annales des Mines*, août 1883.
(****) *Bull. Soc. géologique*, 3e série, t. XIX, p. 1135-1140.

seulement fait ressortir le caractère général de renversement vers le nord, qui s'accuse dans les différentes coupes.

Plus récemment (*) M. C. Fournier a cru expliquer toutes ces singularités en invoquant des failles plus ou moins verticales, à contours sinueux, entourant des massifs en forme de dômes ou de cuvettes, dont les parois, hautes de plusieurs centaines de mètres, seraient comme taillées à l'emporte-pièce. La forme seule des massifs ainsi isolés suffirait pour écarter cette interprétation, qui d'ailleurs n'expliquerait aucune des coupes de détail que j'aurai à citer. Les faits nouveaux indiqués dans la note de M. Fournier ne se sont pas, comme je l'ai dit autre part (**), trouvés d'accord avec mes observations.

Avant de reprendre, cet hiver, l'étude de la région, j'avais été frappé du fait que les contours du trias sur la carte de M. Collot, difficilement explicables s'il s'agit de terrains amenés en saillie, auraient, au contraire, une forme très naturelle s'il s'agissait des bords d'une cuvette enfoncée dans les terrains sous-jacents. La remarquable coupe du tunnel de la Nerthe, donnée dès 1861 par M. Matheron (***), fournit un point de comparaison, puisqu'elle traverse la continuation de la même bordure, et cette comparaison mène à se demander si la bande de terrains où l'on trouve les associations et les contacts anormaux signalés plus haut ne serait pas *une nappe de recouvrement*, superposée à des couches plus récentes et plissée postérieurement, au lieu d'être restée à peu près horizontale, comme dans les exemples les plus ordinaires. On verra plus loin que cette hypothèse est confirmée aussi bien par l'ensemble que par le détail des observations.

(*) *Bull. Soc. géologique*, 3e série, t. XXIV, p. 255 (avril 1896).
(**) *Bull. Soc. géologique*, 3e série, t. XXVI, p. 48 (février 1898).
(***) *Bull. Soc. géologique*, 2e série, t. XXI, pl. VII.

Je dois commencer naturellement, avant de décrire la bordure, par donner une idée d'ensemble sur la composition et la structure du bassin. Je tiens, en le faisant, à remercier particulièrement M. Vasseur, professeur à la Faculté de Marseille, qui poursuit depuis plusieurs années une étude détaillée sur ce bassin, qui m'a aimablement communiqué les importants résultats de ses recherches, et qui m'a, avec M. Repelin, accompagné dans une partie de mes courses. M. Vasseur et M. Repelin ont bien voulu, à plusieurs reprises, compléter par de nouveaux renseignements les coupes que nous avions vues ensemble, et m'indiquer plusieurs rectifications de détail. C'est un plaisir pour moi de reconnaître ce que je dois à leur collaboration.

Structure générale du bassin. — Massif de Regaignas. — Le bassin de Fuveau est formé par les assises puissantes du système fluvio-lacustre, qui a terminé en Provence la série crétacée, et qui s'est prolongé, avec dépôts plus calcaires, pendant tout l'éocène. Je donne ici la coupe que M. Matheron a déjà fait connaître, il y a près de quarante ans, et que les recherches ultérieures, non plus que les travaux de mines, n'ont pas modifiée d'une manière sensible (*) :

Éocène	supérieur :	Calcaire de Saint-Pons.
	moyen :	Calcaire du Montaiguet à *Bulimus Hopei.*
	inférieur :	Calcaire de Langesse à *Physa Draparnaudi.*
		Calcaire de Saint-Marc à *Physa prisca* et poudingue de la Galante.

(*) Je n'ai pas étudié personnellement le détail de ces terrains. La limite du crétacé et du tertiaire, qui a été souvent discutée, n'est pas mise dans le tableau ci-joint à la même place que dans les feuilles parues de la carte géologique. J'ai suivi à ce sujet les idées de M. Vasseur.

Série fluvio-lacustre (danien et campanien). 900 mètres	Argiles rutilantes et grès de Vitrolles (vitrollien, 200 mètres).
	Calcaire de Rognac, à *Melania armata* (rognacien, 80 mètres).
	Argiles et grès à reptiles (270 mètres).
	Grès et calcaires de la Bégude, à *Anastoma rotellaria* (bégudien, 350 mètres).
	Calcaires marneux de Fuveau, à *Corbicula gallo-provincialis* (fuvélien, 200 mètres).
	Marnes et calcaires à taches noires, à *Melanopsis gallo-provincialis* (valdonnien, 80 mètres).
Série saumâtre.	Marnes et calcaires à *Renauxia* (*Turritella*) *Coquandi*.
	Marnes à *Ostrea acutirostris*.
Série marine (santonien).	Calcaires marneux à *Lima marticensis*, *Ammonites polyopsis*.
	Calcaires à hippurites.

Les couches de houille exploitées se trouvent toutes dans le fuvélien. Je renvoie pour les détails au mémoire de M. Villot. J'indique seulement ici le nom des différentes couches, leur épaisseur moyenne et la distance qui les sépare :

	Épaisseur moyenne.	Distance moyenne à la base du bégudien.
Mine de Gréasque	0m,25	0 mètre
— des Deux-Pans	0 ,25	80 —
— de l'Eau	0 ,30	90 —
— du Gros-Rocher	0 ,55	120 —
— de Quatre-Pans	0 ,60	130 —
Mauvaise-Mine	0 ,40	165 —
Grande-Mine	1 ,60	175 —

La Grande-Mine forme la base, et la mine de Gréasque le sommet du fuvélien. Dans les autres étages on cite encore une petite couche à la base du valdonnien, autrefois exploitée au Plan d'Aups, dans la Sainte-Beaume, et la mine de Bidaou, non exploitable, à 300 mètres environ au-dessus de la base du bégudien.

Toute la partie nord du bassin est formée de couches régulièrement et faiblement inclinées, dont les affleurements et les courbes de niveau décrivent de larges ellipses concentriques autour d'un point central, situé dans la montagne de Regaignas (V. la carte, Pl. I). La ligne d'ennoyage, ou ligne de fond de la cuvette, où la Grande-Mine doit se trouver à 400 mètres environ au-dessous du niveau de la mer, est reportée au nord de l'Arc, assez près de la bordure septentrionale ; elle passerait un peu au sud d'Aix et sous la montagne du Cengle, pour se diriger ensuite vers Saint-Maximin. A partir de cette ligne, les couches se relèvent rapidement au nord, en prenant pour la plupart des caractères littoraux plus accentués.

Le point important à retenir dans cette structure est la disposition en courbes ordonnées autour du massif de Regaignas. On voit ainsi que ce petit massif joue un rôle spécial parmi ceux qui l'avoisinent ; ce rôle spécial, qui ne semble en rapport ni avec ses dimensions ni avec son importance, s'explique facilement quand on remarque que les couches fluvio-lacustres plongent partout à partir de ce massif, tandis qu'elles s'enfoncent sous tous les autres massifs de bordure. Ce rôle est encore bien mis en évidence par une particularité curieuse du bassin, l'existence des *moulières*.

Les moulières sont des failles ouvertes, ou à remplissage peu serré, qui, après les orages, donnent passage aux eaux de ruissellement et amènent de formidables venues d'eau qui inondent les travaux, en dépit de tous les moyens d'épuisement. Une grande partie du bassin sera pratiquement inexploitable, tant que la galerie à la mer, actuellement en cours d'exécution, n'aura pas assuré un débouché à ces trop fréquentes inondations. Or M. Long, ingénieur aux Charbonnages des Bouches-du-Rhône, a remarqué, en traçant sur une carte toutes les moulières reconnues, que la plupart d'entre elles vont converger vers un point central du massif de Regaignas. Les moulières sont des failles d'étoilement (failles radiales) autour d'un centre de soulèvement. Aucun des autres massifs de bordure n'a rien produit de semblable.

La disposition des moulières appelle une autre observation importante : deux petites failles, celles de Jean-Louis et du Cerisier, dirigées à peu près de l'ouest à l'est vers le centre commun d'étoilement, limitent vers le sud une région où les mêmes venues d'eau ne sont plus à craindre et où peuvent se développer les exploitations. Ces deux failles et les nombreuses cassures qui les accompagnent, participent comme direction à la loi indiquée pour les moulières ; mais ce sont des *failles serrées*, et elles ne laissent pas passage aux eaux. Plus au sud, l'exploitation du puits Armand, à Valdonne, a rencontré plusieurs cassures également orientées vers le centre commun, avec une direction N. E.-S. O. Là de nouveau ces failles sont des failles ouvertes, et, si elles n'ont pas donné d'eau, c'est qu'il existe au-dessus des travaux une couverture de terrains moins perméables. Il semble donc que les failles d'étoilement autour du massif de Regaignas, moulières ou autres, sont des failles ouvertes, sauf quand elles se rapprochent de la direction est-ouest, c'est-à-dire de la direction des grands plissements de la région. La seule explication rationnelle paraît être que des pressions nord-sud ont rapproché les parois des failles qui leur étaient normales et laissé plus ou moins bâillantes celles des cassures obliques ou parallèles. C'est ainsi que, dans la région de Peynier, où les moulières sont nord-sud, elles atteignent leur maximum d'importance (*).

Région de Gardanne. — A l'ouest de Regaignas et au sud de Gardanne, s'étend une petite région à laquelle ne

(*) Voir des remarques analogues dans le mémoire de M. Oppermann, sur le bassin de Fuveau, *Bull. Industrie minérale*, t. VI, 3e livraison, 1892.

s'applique plus la description précédente. C'est celle dont l'étude fait l'objet spécial de cette note. On peut y distinguer, aux affleurements, trois bandes dirigées est-ouest, présentant des structures très différentes et évidemment limitées par des failles, dont deux au moins sont reconnues par les exploitations. Deux de ces bandes sont très limitées en direction ; la troisième, au contraire, s'étend très loin à l'est et à l'ouest. C'est seulement au sud de ces trois bandes que commence le véritable massif de bordure, le massif de l'Étoile, avec ses couches jurassiques, régulièrement inclinées dans leur ensemble vers la plaine de Marseille. Ces trois bandes (V. carte, Pl. I) sont : 1° celle de Bouc et Cabriès; 2° celle du lambeau productif exploité au sud de Gardanne, et que, pour me conformer à l'habitude des exploitants, j'appellerai bande du lambeau de Gardanne, quoique la petite ville de Gardanne soit notablement plus au nord ; 3° la bande de Mimet, qui s'avance au sud jusqu'à comprendre le plus haut sommet de la chaîne, le Pilon-du-Roi.

Si l'on considère dans ces diverses bandes les affleurements des couches (qui représentent à peu près des lignes de niveau), ceux des bandes nord et sud ne montrent plus, dans leur disposition, aucune trace de l'influence du soulèvement de Regaignas ; en gros ces affleurements, avec des déviations locales, s'alignent parallèlement aux bandes, c'est-à-dire de l'est à l'ouest. Au contraire, dans la bande médiane, celle du lambeau de Gardanne, on retrouve la trace, mais en quelque sorte la trace modifiée de cette influence. Si l'on compare à des ondes successives les courbes de niveau qui s'arrondissent autour de Regaignas, ces ondes se font bien sentir dans la bande médiane, *mais elles sont déplacées*. Connaissant par les travaux d'exploitation le sens du mouvement qui s'est produit, il faudrait reculer ces courbes de 5 à 6 kilomètres vers le sud pour qu'elles reprennent place dans le système primitif. En d'autres termes, ainsi que le montre la carte (Pl. I), les choses se présentent comme si le lambeau de Gardanne avait été déplacé de 5 ou 6 kilomètres vers le nord. C'est bien là, en effet, la conclusion à laquelle nous aboutirons.

Si les ondulations ne se font pas sentir dans la bande du nord ni dans celle du sud, nous verrons aussi que les raisons en sont différentes : la bande de Bouc-Cabriès est un bourrelet formé sur place, dans lequel l'amplitude du second mouvement a masqué les inclinaisons plus faibles dues au premier mouvement. Pour la bande de Mimet et Simiane, la raison est autre : cette bande vient aussi de loin, comme celle du lambeau de Gardanne, mais *elle vient de plus loin encore*, d'une région assez éloignée au sud pour que l'ondulation de Regaignas ne s'y soit pas fait sentir, au moins d'une manière reconnaissable.

Ces prémisses posées, je commencerai la description par les bandes dont l'étude peut le mieux éclairer la structure d'ensemble, celle de Gardanne et celle de Mimet. Je réserverai pour la fin celle de Bouc-Cabriès, que je n'ai pas étudiée personnellement, et dont je dirai seulement quelques mots d'après les résultats intéressants qu'a obtenus M. Vasseur et qu'il a bien voulu me montrer dans une course commune.

Bande du lambeau de Gardanne. — Faille de la Diote. — Le lambeau productif de Gardanne est isolé au nord par une faille très peu inclinée, facile à suivre sur le terrain et reconnue en plusieurs points par les exploitations. Cette faille est connue sous le nom, d'ailleurs mal choisi, de faille de la Diote. Le hameau de la Diote se trouve en effet sur une petite faille du système des moulières, qui prolonge vers l'est la première moitié de la faille de la Diote, tandis que la seconde moitié s'incline vers le sud-est. Le rôle des deux espèces de failles est tellement différent qu'il ne peut y avoir de doute sur le sens de la véritable continuation. Quant à la coïncidence partielle des deux failles, elle n'a rien qui puisse étonner, un phénomène d'affaissement devant naturellement modifier et régler sur une certaine longueur l'affleurement apparent d'une faille oblique (*).

La faille de la Diote est indiquée, d'après les travaux (**), comme ayant une pente moyenne de 26° ; cette pente est établie sur un intervalle vertical de 270 mètres et horizontal de 540 mètres (auprès du puits Ernest Biver) ; mais, si l'on tient compte (niveaux 242, 226 et 177) des points connus aux étages intermédiaires dans des plans verticaux voisins, on voit que l'allure de la faille n'est pas tout à fait plane, et qu'elle semble avoir une tendance à s'aplatir en profondeur. L'inclinaison, d'ailleurs, est certainement variable d'un point à un autre. On peut pourtant être certain que, si le lambeau isolé par la faille de la Diote s'enfonce en profondeur, ce ne peut être que très loin au sud ; d'une part, en effet, cette faille va à l'est et à l'ouest se coller à la faille qui limite la troisième bande (bande de Mimet), et on verra tout à l'heure que cette dernière conserve longtemps un plongement moyen très faible, et, d'autre part, la galerie du puits Armand, poussée près de Cadolive un peu au-dessous du niveau de la mer, s'est heurtée au trias du massif de l'Étoile, sans avoir rencontré aucune des deux bandes, ni des deux grandes failles qui les limitent (V. la coupe, *fig.* 17, p. 48).

Les couches du paquet isolé par la faille de la Diote sont d'une grande régularité ; leur inclinaison, dans la

(*) Cette coïncidence montre seulement que la faille d'affaissement est postérieure à l'autre. En réalité, il y a de plus, au point de convergence des deux failles, ou plutôt de leurs affleurements, un étoilement de fractures (V. Villot, *loc. cit.*), qui ne peut guère être fortuit et dont je n'aperçois pas la raison.

(**) Oppermann, *loc. cit.*, p. 852.

partie observée, est à peu près parallèle à celle de la faille. La Grande-Mine et les couches voisines, qui ont là leur maximum de puissance, y ont déjà été reconnues, toujours avec la même régularité, sur 1.200 mètres d'aval-pendage. Il est certain, d'après l'allure des affleurements, qu'il y en a eu sur la même ligne au moins 1.000 mètres de dénudés ; le bégudien qui les surmonte est encore connu 700 mètres en aval avec la même pente. Cela fait donc près de 3 kilomètres sur lesquels la faille conserve sa faible inclinaison, et sur lesquels s'étendent ou s'étendaient les couches de charbon charriées vers le nord. On aurait exactement l'ancienne limite nord de la partie de la couche ainsi détachée et charriée, si l'on avait le point (B) où la faille de la Diote rencontre le charbon en place

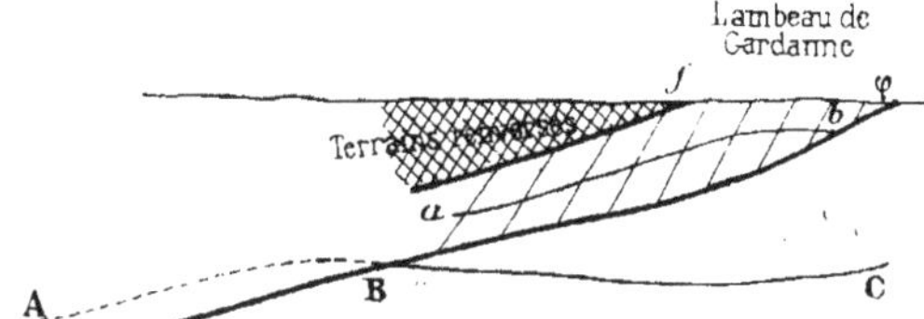

Fig. 1. — *f*, faille du Safre. — φ, faille de la Diote. — AB, position de la Grande-Mine avant le charriage. — *ab*, position de la Grande-Mine après le charriage.

(*fig.* 1; la couche du lambeau de Gardanne est venue de la position AB à la position actuelle *ab*). Nous savons seulement que ce point n'est pas à moins de 3 kilomètres au sud de l'affleurement de la faille. Supposons les terrains remis à leur place primitive : le charbon s'étendait au moins à 6 kilomètres au sud de cet affleurement, et, par conséquent, c'est là une limite minima de la pénétration au sud des terrains crétacés. On retombe donc, par un raisonnement tout à fait indépendant, sur un résultat semblable à celui qu'aurait pu faire prévoir la seule forme des courbes d'affleurement.

L'étude de la bande de Mimet, quoique un peu plus compliquée, va, par une voie indépendante des deux premières, nous mener encore au même résultat.

Bande de Mimet. — Faille du Safre. — Les affleurements obliques des couches de la bande de Gardanne sont, comme je l'ai dit, coupés par une ligne est-ouest, correspondant à l'affleurement d'une seconde faille, désignée par les exploitants sous le nom de faille du Safre (*). La différence d'orientation des couches situées de part et d'autre rend l'existence de la faille bien manifeste à l'ouest, jusqu'au-delà de Simiane; la faille du Safre joue là le même rôle par rapport à la bande de Gardanne, que la faille de la Diote par rapport au bassin principal. Mais plus à l'est, l'infléchissement progressif des couches les remet de plus en plus parallèles à la faille ; celle-ci prend de plus en plus le caractère d'une simple faille d'étirement, dont le plan exact serait difficile à préciser, si l'on ne s'appuyait sur la continuité d'une propriété essentielle de la faille : *elle met en contact une série normale avec une série renversée.*

Ce contact d'une série normale avec une série renversée se produit naturellement au centre de tous les plis couchés, sans qu'il y ait de faille à invoquer. Si, comme c'est le cas ordinaire, il y a des étirements et des suppressions de couches, ils sont dus à des glissements auxquels rien ne force à supposer une grande amplitude horizontale. Mais il faut bien remarquer aussi que, *ces glissements étant à peu près parallèles aux couches*, leur amplitude reste indéterminée ; il est probable, en général, qu'elle est petite ; mais elle pourrait être très grande, sans que rien le trahisse à l'observation directe.

(*) Cette disposition a déjà été reconnue par M. Collot. C'est M. Vasseur qui a appelé d'abord mon attention sur son importance dans l'ensemble de la structure du pays.

La faille du Safre semble disparaître à l'est et se réduire à un simple pli couché ; cette apparence n'a rien d'incompatible avec un charriage important, qu'il faudra bien par continuité admettre à l'est, s'il est prouvé pour la partie ouest.

Ces considérations n'étaient peut-être pas inutiles, avant d'aborder la question capitale de la structure qui caractérise la bande de Mimet. Dans cette bande, qui a une largeur moyenne de 2 kilomètres, *tous les terrains sont renversés*, c'est-à-dire présentent un ordre de succession inverse de l'ordre normal de stratification. Ce fait est connu depuis longtemps pour les couches, en général assez inclinées, qui forment le bord septentrional de la bande. Il n'avait pas été constaté ni même soupçonné pour les autres, *parce que ces terrains renversés ne forment pas une nappe régulièrement inclinée, mais qu'au contraire ils ont été énergiquement plissés, et amenés localement par les plissements à une position verticale ou même inclinée au-delà de la verticale.* Un premier mouvement, celui qui les a renversés, les avait fait tourner de 180° ; un second mouvement, celui qui a plissé la nappe renversée, les a fait tourner par places de plus de 90°. Le résultat apparent est alors le même que s'ils avaient tourné seulement, dans l'autre sens, d'un angle voisin de 90°.

Je reconnais qu'il faut un certain temps pour habituer l'esprit à une idée d'apparence aussi compliquée. La première tendance est de la repousser, à cause de cette complication même, qui ne semble plus laisser place à une vérification concluante. Et pourtant, d'une part, d'après ce qu'on sait déjà sur la région, le fait pouvait et devait être prévu ; d'autre part, il mène à des conséquences simples, particulièrement faciles à vérifier.

On sait en effet, et bien peu de géologues le contestent encore, qu'il existe dans presque toutes les chaînes de

montagnes, et spécialement en basse Provence, des plis couchés avec *nappes de recouvrement*, qui s'étendent horizontalement sur des largeurs de plusieurs kilomètres ; on sait aussi qu'en Provence le charriage qui a produit ces nappes est antérieur à l'oligocène, et que les terrains oligocènes sont eux-mêmes affectés de plis énergiques. Rien n'autorise à supposer *à priori* que ces nappes soient restées indemnes pendant les mouvements qui ont suivi leur formation ; ce qui exigerait une explication, ce serait au contraire que ces nappes eussent échappé partout à l'action des plissements postérieurs.

En second lieu la vérification, loin de devenir impossible, est au contraire facilitée, *si l'on peut observer les charnières des plis nouvellement formés*. Le plissement de terrains normalement stratifiés donne des voûtes anticlinales au centre desquelles apparaissent les couches les plus anciennes, enveloppées par des couches de plus en plus récentes, et des cuvettes synclinales au centre desquelles sont les terrains les plus récents. Mais, si le plissement s'est exercé sur une nappe de terrains renversés, le contraire a lieu : le noyau des anticlinaux est formé par les couches les plus récentes, le fond des synclinaux par les couches les plus anciennes. La distinction est immédiate, et la conclusion certaine. Or, dans la bande de Simiane, on voit plusieurs charnières, et toutes conduisent au même résultat.

Ainsi, quand on part du Verger, on voit d'abord dans le ravin affluent de l'ouest, les marnes néocomiennes plonger sous les dolomies jurassiques. En remontant, vers le sud, le ravin principal, on voit les mêmes marnes dessiner trois voûtes très aiguës, qu'enveloppent les calcaires valanginiens et les dolomies jurassiques (*fig.* 2, et coupe n° 1, Pl. II).

Dans la descente du Pilon-du-Roi à la ferme des Mares, près du chemin qui monte à l'est vers Notre-Dame-des-

Anges, les marnes néocomiennes dessinent deux voûtes bien visibles et complètes, enveloppées par le valanginien et par le jurassique (*fig.* 3, et coupe n° 4, Pl. II).

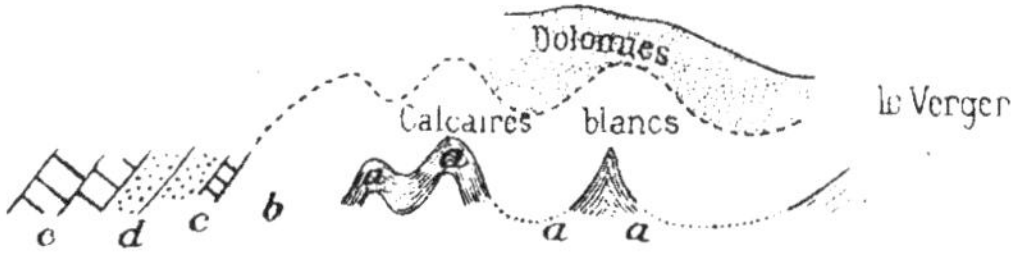

Fig. 2. — Coupe du ravin en amont du Verger. — *a*, marnes valanginiennes. — *b*, calcaires valanginiens. — *c*, calcaires blancs jurassiques. — *d*, dolomies jurassiques.

Enfin, tout le long de la crête qui va de la Galère à Notre-Dame-des-Anges, on voit, au nord comme au sud, le néocomien plonger sous les dolomies jurassiques ; et, une fois les couches reconnues, on peut à distance, des

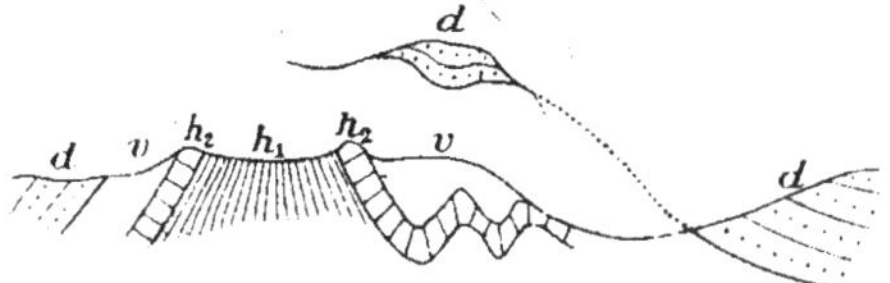

Fig. 3. — Coupe prise au-dessus des Mares. — h_1, marnes hauteriviennes. — h_2, néocomien calcaire. — *v*, valanginien. — *d*, dolomies jurassiques.

collines de Bouc comme des points plus rapprochés, suivre, dans la saillie de la crête qui précède le couvent, le raccordement vers le bas des deux bandes délitables correspondant au néocomien ; elles forment un V nettement couché vers le nord, et, au centre de ce V, sont les dolomies jurassiques (coupe n° 3, Pl. II).

Ces coupes typiques et indiscutables sont, la première au nord, et les deux autres au sud de la bande de Mimet ; elles se répartissent donc sur toute sa largeur et suffisent à mettre hors de doute le résultat énoncé plus haut.

Il importe pourtant d'entrer plus dans le détail, de montrer que toutes les particularités de structure, qui sont là réunies, s'expliquent aisément par la même hypothèse et qu'elles ne pourraient guère s'expliquer autrement.

Division de la bande de Mimet en six zones. — La bande de Mimet peut se décomposer en une série de zones, allongées dans la direction générale, mais variant rapidement de largeur. Chacune de ces zones présente une composition assez constante et très différente des zones voisines; chacune d'elles a une largeur très variable, et va, après un trajet plus ou moins long, se coincer soit contre les zones voisines, soit contre les bords de la bande. L'étude de détail montre que partout les zones qui comprennent les terrains les plus récents plongent sous celles qui comprennent des terrains plus anciens, et que, de plus, il existait dans la nappe renversée trois grandes surfaces de glissement (*thrust planes*), *qui ont été plissées avec les couches.*

J'énumère d'abord les diverses zones, en partant du nord; elles sont figurées sur la carte (Pl. II). La première, zone *a*, ou zone de Simiane, comprend différents termes, réduits d'épaisseur, de la série fluvio-lacustre, les calcaires à hippurites, le gault et l'aptien; il ne s'y ajoute que localement quelques termes plus anciens (*). Cette première zone est continue sur toute la longueur que j'ai étudiée, entre Saint-Savournin et les Pennes.

La seconde zone (zone *b* ou de l'Assassin) fait réapparaître la série fluvio-lacustre, spécialement sous forme de poudingues, que M. Collot avait attribués au rognacien, et dont M. Vasseur a démontré l'âge bégudien. La zone *b* commence à l'est auprès de Sousquières, d'abord

(*) Notamment, sur le bord de la petite falaise qui termine l'aptien au nord, quelques lambeaux intermittents d'urgonien. M. Repelin, qui me les a signalés et qui les a particulièrement étudiés, y a trouvé *Requienia ammonia*.

sous forme d'un liseré étroit, puis elle s'élargit à l'ouest du chemin de fer, en se ramifiant autour d'ilots ou massifs jurassiques.

La troisième zone (zone *c* ou du Siège) succède à l'est sans interruption, sans lacune et sans faille visible, à la première zone, puis elle en est séparée de plus en plus complètement par l'apparition et l'élargissement de la seconde zone. Elle comprend tous les terrains de l'urgonien au callovien ; elle a en son milieu une largeur de plus de 1 kilomètre, puis va rapidement se coincer, à l'est comme à l'ouest, près du hameau des Putis et près de la ligne du chemin de fer d'Aix.

La quatrième zone (zone *d* ou de Saint-Germain) ne comprend que du trias ; elle forme à l'ouest une trainée étroite, presque filiforme entre Fabregoules et les Bastidonnes ; elle s'élargit près de Saint-Germain et disparaît vers l'est, au moment où elle atteint sa plus grande largeur.

La cinquième zone (zone *e* ou de la Chapelle-Saint-Germain) ramène des affleurements de gault et d'aptien. Elle commence à l'ouest près du ravin du Siège, et va du côté de l'est se réunir avec la première zone. Elle montre sur son bord sud quelques lambeaux d'urgonien et est en quelques points séparée de la zone suivante par un étroit liseré de trias.

La sixième et dernière zone (zone *f* ou du Pilon-du-Roi) est formée de néocomien et de jurassique supérieur ; elle commence et se termine en pointe, d'un côté vers les Bastidonnes, de l'autre vers Saint-Savournin et prend en son milieu une largeur de près de 1 kilomètre.

Sa composition la rapproche du massif de l'Étoile, dont elle n'avait pas été séparée jusqu'ici.

Zone a ou zone de Simiane. — Cette zone est formée par une longue bande de terrains crétacés, fuvélien, valdonnien, calcaire à hippurites, gault et aptien. Les couches sont, en général, assez inclinées, et leur renversement, comme je l'ai dit, est depuis longtemps connu.

Les épaisseurs apparentes des étages sont faites pour surprendre : tandis que le fuvélien, bien exposé dans la coupe du Safre (*), le valdonnien, visible dans le ravin de Babol, et le calcaire à hippurites, formant une petite barre presque continue, ont tous trois des épaisseurs assez réduites, ainsi qu'on peut l'attendre dans une bande renversée, le gault et l'aptien auraient, au contraire, des puissances énormes. Il est facile de voir que la forte inclinaison des couches ne correspond pas à l'inclinaison moyenne, et que les grandes épaisseurs attribuées au gault et à l'aptien sont dues à des replis secondaires.

D'abord on peut citer plusieurs points où les couches sont presque horizontales ; ainsi les couches glauconiennes de l'aptien, un peu au sud de la station de la Malle, le long du chemin des Bastidonnes ; puis les calcaires sénoniens au-dessus de la route de Mimet, à 1 kilomètre à l'est de Simiane, enfin les calcaires aptiens à silex le long du chemin de Babol aux Putis. Cette dernière coupe est intéressante à un autre point de vue : après avoir passé la barre calcaire qui détermine une petite cascade dans le ruisseau et qui se rattache probablement aux calcaires à rudistes, on traverse une longue série de calcaires siliceux et de calcaires marneux, avant d'arriver au hameau des Putis, où M. Collot a signalé des fossiles du gault. Comme conséquence, et quoique les caractères lithologiques rappelassent plutôt l'aptien, on a classé dans le gault toute la série située au nord du point fossilifère. Or M. Repelin a trouvé dans cette série des bancs de calcaires com-

(*) M. Villot (*loc. cit.*, p. 50) a donné la coupe du Safre, en considérant le fuvélien comme en position normale entre deux failles verticales. C'est là une erreur manifeste ; il n'y a pas de failles verticales, et le fuvélien est renversé, comme toute la série à laquelle il appartient.

pacts avec *Requienia ammonia*, des calcaires marneux avec Ancylocères, rappelant ceux de l'aptien inférieur, et, un peu plus à l'est, M. Vasseur a recueilli des fossiles aptiens. On ne peut donc pas admettre qu'on rencontre régulièrement, en marchant vers le sud, des termes de plus en plus anciens ; il y a plusieurs fois retour des mêmes couches, et, par conséquent, il y a des replis secondaires. Le pendage étant uniformément vers le sud, il faut, en outre, que ces plis soient des plis couchés.

Je laisse à M. Repelin le soin de décrire la coupe de Babol qu'il a spécialement étudiée. Il avait d'abord conclu à l'existence d'une voûte normale d'urgonien, et on ne peut nier que les apparences ne soient assez conformes à cette idée. L'urgonien, très développé sur la rive droite, envoie sur la rive gauche trois pointes rocheuses qu'on voit disparaître brusquement au milieu de l'aptien. Or, à l'extrémité de la seconde pointe, en *c* (*fig.* 4), l'urgonien semble nettement s'enfoncer sous l'aptien. Par contre, en s'éloignant un peu sur la crête à l'ouest, on voit en *a* les bancs urgoniens dessiner une voûte continue le long de la crête au-dessus de la dépression remplie d'éboulis, sous lesquels nous avons trouvé quelques affleurements aptiens. L'aptien formerait donc voûte sous l'urgonien. Quant à l'apparence un peu contradictoire observée en *c*, elle pourrait s'expliquer par une torsion locale du pli (par exemple suivant la ligne *ecd*) et elle laisserait ainsi intacte la question de savoir si l'on a affaire à un anticlinal ou à un synclinal d'urgonien.

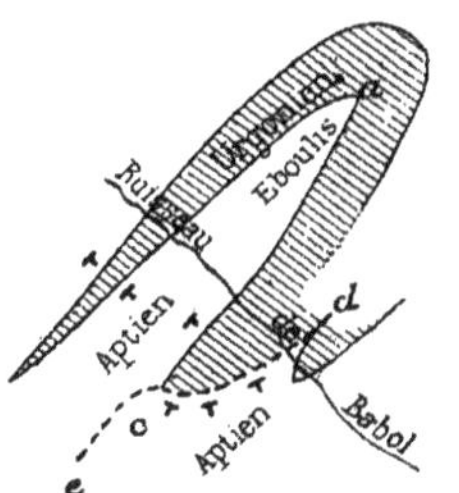

Fig. 4. — Plan des affleurements urgoniens dans le ravin de Babol.

La coupe de la galerie à la mer (*fig.* 2, Pl. III) montre comment j'interprète cette partie. L'interprétation, il est vrai, est là fondée sur l'ensemble de la structure de la bande de Mimet, et des faits qui seront décrits plus loin, plutôt que sur le résultat direct des observations locales. Tout ce qu'on peut dire à Babol, c'est que ces observations peuvent se concilier avec l'hypothèse admise (*).

En tout cas, les replis multiples des couches sont incontestables, et l'on peut alors s'expliquer leur grande épaisseur apparente.

On voit en même temps que leur niveau moyen, et par conséquent celui de la faille du Safre, si elle leur reste parallèle, s'enfonce bien moins vite qu'on ne l'avait d'abord supposé.

Dans cette zone de Simiane on trouve un peu plus à l'est un remarquable accident, c'est l'apparition brusque, au milieu de l'aptien, d'un pointement de dolomies jurassiques. Ce pointement, déjà figuré par la carte géologique, est connu sous le nom d'îlot de la Galinière.

Les dolomies de la Galinière, qui forment une petite colline allongée, d'environ 800 mètres sur 300, sont incontestablement jurassiques. Depuis M. Collot, elles ont toujours été rapportées à l'infralias. Je crois plutôt qu'elles appartiennent au jurassique supérieur. Leur faciès extérieur, je commence par le dire, se rapproche plus du faciès ordinaire à l'infralias, caractérisé par des bancs plus siliceux, mieux lités, un grain plus serré, une teinte plus blanche (gris cendré, Collot) et une rayure ou division parallélipipédique à la surface. Je ne sache pas qu'il ait été fait d'étude spéciale pour savoir à quel point ces caractères, pour la plupart extérieurs, se rattachent tou-

(*) M. Repelin m'a également montré, au-dessous de Mimet, un peu à l'est de la route, un petit pointement urgonien dont les couches sembleraient former voûte au milieu de l'aptien. Je crois que les surfaces qui présentent cette apparence, d'ailleurs un peu grossière, sont des surfaces de cassure et non de stratification. Nous avons de plus trouvé là, au-dessus de l'urgonien, un lambeau de dolomies jurassiques, dont la présence contredirait formellement l'idée d'une voûte normale.

jours à quelque différence fondamentale de composition ou de structure; mais, en fait, j'ai constaté souvent qu'un aspect très semblable pouvait se retrouver dans les dolomies du jurassique supérieur. C'est en particulier ce qui arrive, dans la région même dont nous nous occupons, pour la zone *f*; les dolomies supérieures n'y ont plus l'aspect gris, massif, cristallin, de la chaîne de l'Étoile, et, n'étaient les relations de position, on pourrait les attribuer, et quelques-unes en effet ont été attribuées à l'infralias (*).

A la Galinière, j'ai trouvé en deux points des calcaires blancs semblables à ceux du jurassique supérieur, associés aux dolomies. Cela suffit à mes yeux pour entraîner leur âge; la ressemblance avec la zone *g* est un argument de plus, surtout quand nous saurons que les dolomies de la Galinière appartiennent en réalité à cette zone (**). Enfin on peut ajouter que l'existence de l'infralias à la Galinière serait une anomalie, car ce serait le seul point où ce terrain apparaîtrait dans toute la bande de Mimet.

Quel que soit l'âge exact des dolomies de la Galinière, le point important c'est que *ces dolomies sont superposées à l'aptien.* La conclusion s'impose, si l'on examine avec soin les rapports de position des deux terrains. La butte de dolomies n'est pas une butte simple; elle est en réalité flanquée, au nord et au sud, de deux bourrelets également dolomitiques: *entre ces bourrelets et la butte princi-*

(*) FOURNIER, *loc. cit.*

(**) M. Repelin m'a fait remarquer qu'en un point à l'est, auprès d'un petit col de la dépression aptienne, les éboulis dolomitiques couvrent complètement l'espace assez étroit qui s'étend entre les dolomies de la Galinière et celles de l'escarpement voisin (zone *f*). On pourrait même croire que l'affleurement aptien est là momentanément interrompu. En tout cas, on peut passer sans interruption, en marchant toujours sur des dolomies, de celles de la falaise à celles de l'îlot, et se convaincre ainsi qu'il y a entre les deux une complète identité. Or les dolomies de la falaise sont associées à des calcaires blancs, où M. Repelin a trouvé un peu plus à l'est des *Heterodiceras*. Je crois donc que l'attribution des dolomies de la Galinière au jurassique supérieur peut être considérée comme tout à fait certaine.

pale réapparaissent les marnes aptiennes. Sous le premier bourrelet, qui porte la ferme, on voit nettement, un peu à l'est de la ferme, la surface de contact presque horizontale, et en deux points on trouvedes calcaires blancs à la base des dolomies. Le bourrelet nord a le caractère d'un terrain disloqué, comme formé de blocs juxtaposés; il n'a manifestement pas de racine en profondeur. Pour la butte principale, je n'ai vu qu'en un point le contact découvert, sur le côté nord ; là encore il est très peu incliné ; ce sont des marnes altérées qui s'enfoncent sous les dolomies rougies à leur contact. La coupe ci-jointe (*fig*. 5) résume ces observations, qui ne laissent aucun doute sur la conclusion (Voir aussi la coupe n° 3, Pl. II).

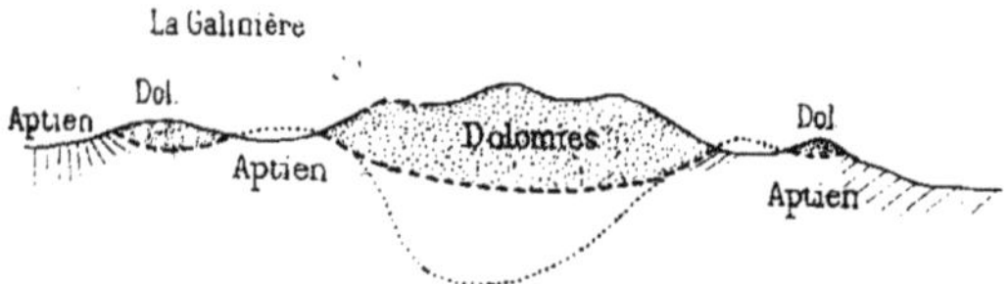

Fig. 5. — Coupe de la Galinière.

On peut objecter que les dolomies ont l'air d'être verticales ; mais ce n'est là qu'une apparence, due à des cassures de la roche ; je n'ai vu nulle part de stratification incontestable. D'ailleurs la ligne pointillée de la figure montre comment s'expliquerait cette verticalité. Il n'y a pas non plus à s'étonner que, vers la pointe est de la butte, l'aptien reste vertical jusqu'auprès du contact : les discordances locales sont fréquentes entre ces paquets superposés et leur substratum.

A l'appui de la superposition des dolomies de la Galinière à l'aptien, il est bon de citer un exemple semblable et plus net encore, auprès de Cadolive. Il ne se trouve plus, il est vrai, dans la même zone, mais il se rattache à la même nappe de dolomies. Le village de Cadolive est situé sur le bégudien en place, superposé aux couches de charbon exploitées à la Valentine et à Valdonne ; les couches presque horizontales s'inclinent doucement vers la montagne jurassique, et les dénudations y ont découpé deux mamelons saillants, l'un à l'ouest du cimetière, l'autre à l'ouest du village. Le premier est couronné par un lambeau de dolomies jurassiques, le second par un lambeau de calcaires blancs ; des blocs de ces roches sont épars sur les pentes. Il n'y a plus là aucune part d'interprétation, si petite qu'elle soit ; le fait est manifeste et se traduit, même à distance, par la nature des reliefs. Il m'a été signalé par M. Rochon, ingénieur de la mine de Valdonne, et il a été étudié en détail par M. Gossiaux, géomètre des charbonnages (*).

On voit donc que, si l'étude de la première zone ne fournit pas de preuves directes du renversement des couches, autre part que sur le bord septentrional, elle montre déjà des lambeaux de nappes charriées, qui suffiraient à faire prévoir ce renversement.

Zone b ou zone de l'Assassin. — A l'est du chemin de fer, cette seconde zone n'est composée que d'un mince liseré de poudingues, qui cesse avant Sousquières ; à l'ouest du chemin de fer, dans la tranchée duquel ces poudingues sont bien exposés, la zone s'élargit et se ramifie autour d'importants massifs jurassiques. Outre ces massifs, notamment près de Sénières, on trouve des îlots de dolomies jurassiques (l'un d'eux avec trace de néocomien à la base) manifestement superposés à la brèche. Le fait acquiert là une nouvelle importance, parce que, précisément en face d'un de ces îlots, la série renversée de la première zone, au lieu de ne contenir que du gault et de l'aptien, se complète jusqu'au jurassique supé-

(*) Depuis que ces lignes ont été écrites, M. Repelin a encore trouvé un îlot de dolomies superposé aux calcaires lacustres, entre Cadolive et la Galinière.

rieur (*fig.* 6). A moins de supposer un pli en éventail, bien improbable, et contredit d'ailleurs par tout l'ensemble des coupes voisines, on a là la preuve que *la première zone est superposée à la seconde.*

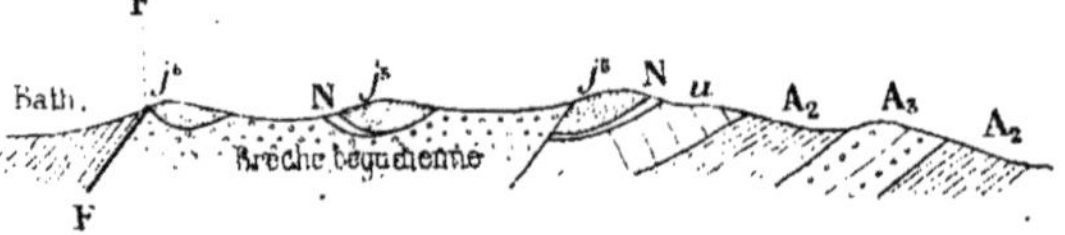

FIG. 6. — A_3, aptien supérieur, grèseux. — A_2, aptien moyen, marneux. — *u*, urgonien. — N, néocomien. — j^6, calcaires blancs. — j^5, dolomies jurassiques. — Bath., bathonien. — F, faille du Pilon-du-Roi.

La même conclusion ressort d'ailleurs, quoique moins directement, de l'examen de la partie située à l'est du chemin de fer. La bande de brèches (*), comprise partout entre des termes plus anciens, pourrait évidemment être considérée comme un synclinal pincé et couché vers le nord ; mais ce synclinal présenterait une particularité remarquable : d'une part, les termes entre lesquels il est compris sont rapidement variables d'un point à un autre ; et, d'autre part, au lieu que les mêmes terrains reparaissent symétriquement au nord et au sud, la série des couches renversées paraît se continuer indépendamment de la brèche interposée, comme si celle-ci n'était qu'un manteau superficiel. L'urgonien du bord sud semble succéder régulièrement à l'aptien du bord nord, et quand l'urgonien se montre au sud de la brèche, il disparaît au nord. Il faut admettre, et cela dans toute hypothèse, qu'il y a discordance complète entre la brèche et le crétacé inférieur qui l'avoisine. La différence angulaire aurait été effacée par un plissement postérieur, mais elle reste accu-

(*) Je rappelle que M. Collot avait démontré la liaison de la brèche avec des calcaires où il avait trouvé des fossiles de Rognac, et que M. Vasseur, précisant davantage, en a démontré l'âge *bégudien inférieur*.

sée par l'indépendance des séries mises en contact. C'est pour cela qu'on admet ordinairement, et que j'ai admis moi-même autrefois, que le massif de l'Étoile formait le rivage sud du crétacé supérieur, dont les couches les plus hautes se seraient seules étendues transgressivement sur ce massif déjà plissé.

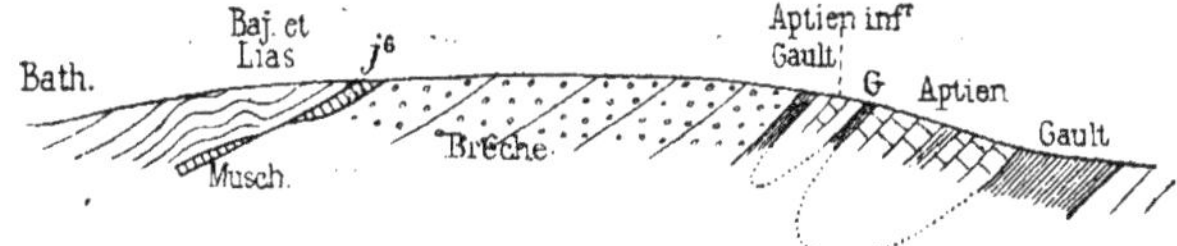

Fig. 7. — Coupe de la tranchée de Septèmes. — G, gault. — j^6, calcaires blancs (jurassique supérieur). — Musch., muschelkalk.

Cela est évidemment possible, et l'on peut refaire en conséquence la coupe primitive, qu'un plissement postérieur aurait transformée dans la coupe actuelle. Mais cette coupe actuelle est elle-même soumise à des variations considérables ; par exemple, dans la tranchée du chemin de fer (*fig.* 7), la brèche, malgré sa faible largeur, est en contact avec des terrains qui vont de l'aptien supérieur et même du gault jusqu'à l'aptien inférieur (*) ; il est facile de voir que cela exige dans la coupe primitive une série de plis secondaires, couchés et étirés, formés et arasés avant le dépôt de la brèche. Cela serait en désaccord flagrant avec la structure de tout le reste du pays ; mais, de plus, cela devient matériellement inadmissible, quand on sait que la brèche en place, intercalée entre le fuvélien et le bégudien, fait partie de la série renversée de la zone *a*, c'est-à-dire de la série qu'il faudrait supposer dénudée avant le dépôt de la brèche.

(*) L'aptien inférieur est là, formé de calcaires jaunâtres, remarquablement semblables d'aspect à des calcaires néocomiens ; je les avais pris pour tels, mais M. Vasseur y a trouvé *Ammonites fissicostatus*. L'argument développé dans ce paragraphe perd ainsi un peu de sa force, mais il n'en reste pas moins valable.

D'ailleurs un argument beaucoup plus simple, dont j'ai tenu à ne pas me servir, pour laisser les différentes preuves indépendantes les unes des autres, résulterait du fait évident que la coupe ainsi reconstruite ne pouvait, en aucun cas ni par aucun artifice, expliquer les *plis intervertis* ou *plis retournés* (*) dont j'ai parlé plus haut.

Si la brèche n'est pas posée en discordance sur le crétacé inférieur, comme la discordance est incontestable, *il faut que ce soit le crétacé inférieur qui soit discordant sur la brèche*. Cette discordance ne peut résulter que d'une faille ou surface de glissement, d'un *thrust plane*, qui aurait été plissé postérieurement avec les couches. La seconde zone correspond à une réapparition *par pli anticlinal* des terrains supérieurs ; ce pli anticlinal est, comme tous ceux de la région, un pli couché vers le nord, et ainsi, quoique la brèche repose ordinairement sur les terrains de la zone *a*, en réalité elle passe sous cette zone de même qu'elle s'enfonce au sud sous la zone *c*.

Zone c ou zone du Siège. — Cette zone, quand on la traverse dans le ravin du Siège (coupe n° 2, pl. II) est celle qui d'abord contribue le plus à écarter l'idée d'un renversement général. Il semble impossible que cette masse de calcaires qui se succèdent verticalement ne soit pas en place, qu'elle n'annonce pas le retour des couches renversées à leur position normale. Mais, quand on y regarde de plus près, dans le ravin même on trouve deux affleurements de néocomien, et entre les deux les dolomies jurassiques horizontales. C'est l'indication d'un pli secondaire, dont l'interprétation peut là sembler douteuse ; mais on le suit tout le long de la zone, et au ravin du Verger, comme je l'ai dit plus haut, on voit les charnières. Le centre des anticlinaux est formé de néocomien qu'enve-

(*) L'expression de *plis retournés*, s'appliquant à ces plis qui affectent une nappe renversée, a été proposée par M. l'abbé Dorlodot (V. plus loin).

loppe le jurassique. J'ai déjà insisté sur le caractère déterminant de cette preuve ; la zone du Siège est formée par une nappe plissée de terrains renversés, et, d'après ce qui précède, cette nappe est superposée au bégudien.

Zone d ou zone de Saint-Germain. — Partout la zone *d* s'enfonce sous le trias qui la borde au sud. L'étude de ce trias peut se faire le long de la nouvelle route de Saint-Germain, dont les tranchées sont encore fraiches (*fig.* 8). On y voit au nord les marnes irisées plonger presque hori-

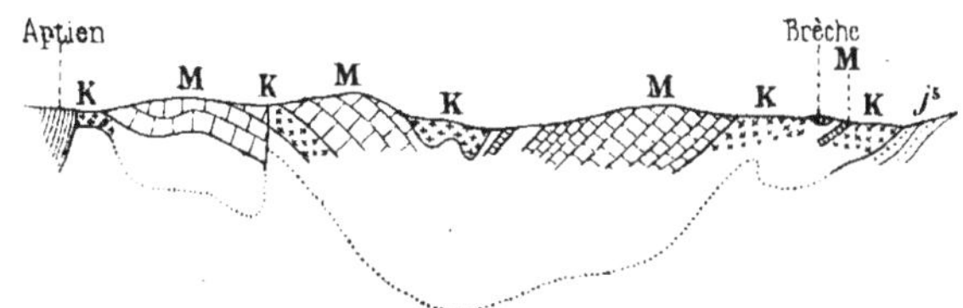

Fig. 8. — Coupe de la bande triasique le long du chemin de Saint-Germain. — j^5, dolomies jurassiques. — K, K', marnes irisées. — M, M', muschelkalk (*).

zontalement sous les calcaires du muschelkalk et reparaître au milieu de ces calcaires : au sud, après le coude du chemin, les marnes irisées se montrent de nouveau et forment une voûte surbaissée, recouverte par le muschelkalk. On peut encore là conclure qu'on a affaire au plissement d'une nappe renversée.

Je dois pourtant mentionner deux petites anomalies locales, que m'a fait remarquer M. Vasseur, et qu'il importe de signaler, au risque de compliquer un peu l'exposition, parce qu'elles pourraient être invoquées comme argument contre l'interprétation proposée.

Les marnes irisées de Saint-Germain plongent certainement et avec un très faible pendage, sous le muschelkalk,

(*) Les indices (M' et K') ont été omis sur la figure : M' désigne la première bande de muschelkalk, à gauche de la coupe ; K', la bande médiane de marnes irisées (la troisième à partir de la gauche). Le point (*a*), mentionné dans le texte, correspond à la petite faille (seconde lettre K).

qui forme au-dessus d'elles une petite falaise ; on peut les suivre, à l'ouest de la route, dans une bande de champs cultivés ; elles descendent sur la route au point (*a*), où elles ont déterminé une petite zone d'éboulement. Sur tout ce trajet, la superposition du muschelkalk (M) reste manifeste et les marnes irisées semblent comprises en concordance entre deux bandes de muschelkalk, l'une au dessus (M), l'autre au dessous (M') (*). Je crois qu'il y a là seulement une apparence : au tournant de la route, on voit le contact du muschelkalk inférieur (M') et des marnes irisées, et là il y a une faille verticale bien visible ; je suppose que le muschelkalk (M'), dont la présence s'expliquerait mal autrement, était primitivement superposé aux marnes irisées et qu'il s'est affaissé sur place.

Il y a, une centaine de mètres plus à l'est, une plâtrière, indiquée sur la carte, et où le gypse est exploité jusqu'à une profondeur d'une trentaine de mètres (**). Ce gypse n'appartient pas à la même bande de marnes irisées, mais à une autre (K') que la route rencontre à 50 mètres au nord de la première, et *qui est partout superposée au muschelkalk*. Cette seconde bande représenterait le commencement de la série normale qui devait surmonter la série renversée, et que nous retrouverons dans la chaîne de l'Étoile ; c'est, en réalité, la bande médiane du synclinal triasique. Pour que cette bande vienne à la plâtrière s'infléchir et occuper le bord du massif, au contact de l'aptien, il faut qu'il y ait, là encore, une faille d'une certaine amplitude. Elle explique comment, en ce point, les marnes irisées semblent plonger vers l'aptien, avec lequel d'ailleurs le contact n'est pas découvert.

L'existence de ces failles complique la stratigraphie,

(*) Voir pour la signification des lettres (*a*), M' et K', la note de la page précédente.

(**) M. Gentil m'a signalé le fait intéressant que c'est la présence d'un peu de sel mélangé au gypse qui le rend impur et en arrête l'exploitation.

d'autant plus qu'elles sont difficiles à suivre au milieu d'affleurements désagrégés, où le muschelkalk lui-même prend souvent la forme de cargneules. Les petites incertitudes locales qui en résultent ne me semblent pas pouvoir infirmer la signification si nette de la coupe d'ensemble : une cuvette, dont les bords sont formés de marnes irisées, surmontées de muschelkalk, et dont le centre est formé par d'autres marnes irisées, reposant normalement sur le muschelkalk. La brèche que la coupe (8) indique sur la droite contient des morceaux de jurassique supérieur, et semble indiquer l'existence d'un nouveau *thrust plane ;* je connais, en effet, des brèches semblables aux points assez nombreux (notamment près d'Auriol) où le trias est directement surmonté par le jurassique supérieur.

C'est probablement là l'explication d'une seconde anomalie qu'on rencontre, un peu plus à l'ouest, en suivant la bordure du trias, auprès des maisons non marquées sur la carte, qui sont à peu près à mi-chemin de Saint-Germain et des Mérentières. Sur une longueur de 500 mètres environ, le trias est remplacé par des dolomies du jurassique supérieur; un petit affleurement de marnes près des maisons permet de voir que ces dolomies sont, au sud, superposées au trias. Mais, au nord, elles sont, en contact direct avec le séquanien de la zone précédente (zone *c*), qui plonge vers elles et auquel on pourrait les croire aussi superposées. Je suppose que ces dolomies, comme la brèche tout à l'heure mentionnée, font partie de la série normalement superposée au trias ; elles devraient régulièrement se montrer comme un îlot entouré de tous côtés par les affleurements du trias sous-jacent, et, pour expliquer l'absence momentanée de ces affleurements au nord des dolomies, il faut, là encore, invoquer une nouvelle faille de tassement.

Sans doute, ce sont là des failles de raisonnement et

non des failles d'observation. Il faut seulement remarquer qu'elles ne sont pas invoquées pour accommoder les faits à l'interprétation proposée, mais pour expliquer la discontinuité des coupes voisines. Toute autre interprétation devrait également les admettre. Ces failles ont localement enfoui le trias au milieu des terrains voisins plus récents, beaucoup plus profondément que ne l'aurait fait un simple synclinal, et c'est ce qui explique, du côté de l'ouest, la continuité de l'étroite bande de trias, qui, malgré l'inégalité des dénudations, se poursuit sans interruption sur plusieurs kilomètres.

Le renversement du trias et sa superposition au jurassique dans la zone de Saint-Germain, sont confirmés par d'autres indices : près des Mérentières, dans le talus du chemin, j'ai relevé la coupe ci-jointe (*fig.* 9) : un banc de muschelkalk typique enveloppe des marnes ligniteuses, dont l'existence n'est connue que dans les marnes irisées.

Fig. 9.

La disparition du trias à l'est, au point même où la bande atteint sa plus grande largeur, est difficilement compatible avec l'idée d'un anticlinal et concorde bien avec celle d'un synclinal.

Enfin, quand, à l'ouest, la bande triasique se rétrécit et s'écrase entre ses bords jurassiques, près des Bastidonnes, on cesse sur une centaine de mètres de suivre la traînée rectiligne qui se continuait depuis le col de Jean-le-Maître ; elle est rejetée par une faille transversale et reparaît un peu plus loin. En la recherchant au milieu des bois, on voit qu'elle s'est morcelée en lambeaux discontinus et différemment orientés ; c'est une allure qu'on ne peut comprendre dans un anticlinal écrasé, auquel les fortes pressions qui l'ont formé imposent une direction déterminée ; elle est toute naturelle, au contraire, pour des couches tombées au fond d'un synclinal.

Zone e ou zone de la Chapelle-Saint-Germain. — Cette zone n'est, en réalité, qu'une ramification, un golfe de la zone *a*. Quand le trias a disparu à l'est, il n'y a plus de limites ni de distinction possible entre ces deux zones *a* et *e*, qui se touchent et se confondent. La zone *e* doit doit donc partager le sort de la zone *a*; si cette dernière, comme il résulte de ce qui précède, est superposée au bégudien, il en est de même de la première ; si l'une est une nappe de terrains renversés, l'autre l'est également. En tout cas, pour la zone *e*, les preuves directes font défaut. On peut dire seulement que le mode de terminaison de la bande à l'ouest s'accorde mieux avec l'idée d'un anticlinal qu'avec celle d'un synclinal, qu'il faudrait supposer produit sous forme de cuvette d'effondrement.

La zone *e* est formée de plis multiples, couchés vers le nord. Tout contre la plâtrière, M. Repelin m'a signalé la présence du gault (*) ; le rocher des Trois-Frères est formé d'aptien inférieur ; la petite crête que suit le chemin de Septèmes à Mimet ramène au jour les calcaires siliceux de l'aptien supérieur, flanqués de part et d'autre de couches à orbitolines ; enfin de là vers le sud, la série renversée se poursuit régulièrement jusqu'à l'aptien inférieur, et même en certains points jusqu'à l'urgonien, qui borde la zone par quelques têtes rocheuses discontinues. Il y a là au moins trois plis distincts (*fig.* 10), mais rien n'autorise *à priori* à dire si les Trois-Frères, par exemple, sont au centre d'un pli synclinal comme l'indiquent les pointillés, ou au centre d'un pli anticlinal.

La zone *e* s'enfonce, avec une faible pente, sous la zone *f*; après les lambeaux urgoniens on trouve le néocomien réduit, puis les dolomies jurassiques, formant la continuation de la même série renversée. Il n'y aurait donc pas

(*) Ou au moins de l'aptien tout à fait supérieur.

lieu de distinguer deux zones différentes, si, entre l'urgonien et le néocomien, ou, quand l'urgonien manque, entre l'aptien et le néocomien, on ne trouvait, d'une manière tout à fait inattendue (*fig.* 10, et *fig.* 2, Pl. III), une *traînée d'affleurements triasiques*.

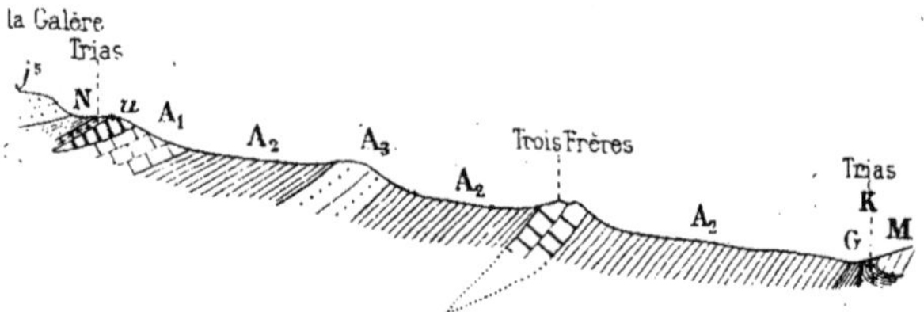

Fig. 10. — Coupe par les Trois-Frères. — G, gault. — A_3, aptien supérieur, grèseux. — A_2, aptien marneux. — A_1, aptien inférieur. — *u*, urgonien. — N, néocomien. — j^5, dolomies jurassiques. — K, marnes irisées. — M, muschelkalk.

Cette traînée est absolument filiforme ; je ne lui ai vu nulle part plus de 20 mètres de largeur, et elle descend jusqu'à 1 mètre et moins ; parfois on ne la suit plus que par des blocs épars (la même chose se présente près des Bastidonnes, pour la terminaison de la bande triasique de la quatrième zone). Je puis affirmer sa continuité sur 200 mètres de longueur environ au-dessus de la Chapelle-Saint-Germain ; je crois en avoir retrouvé des traces au sud de la Galinière et au sud de Saint-Savournin. Elle se présente toujours dans les mêmes conditions, c'est-à-dire que *les termes du crétacé inférieur se succèdent régulièrement de part et d'autre, comme si le trias n'existait pas*. C'est l'apparence déjà signalée plus haut pour la brèche bégudienne, et ici encore elle ne peut s'expliquer que par une discordance antérieure au plissement. Il n'y a certainement pas eu de discordance de stratification entre le trias et le crétacé inférieur ; il s'agit donc d'une *discordance mécanique*. Le trias devait appartenir à une nappe de recouvrement superposée au crétacé : c'est l'explication qui s'impose, et elle est bien conforme avec le fait déjà reconnu de la superposition à l'aptien du trias de Saint-Germain. *C'est la même nappe triasique plissée qui reparaît en synclinal au contact des zones e et f* (*fig.* 2, Pl. III).

Zone f ou zone du Pilon-du-Roi. — Si l'on poursuit la coupe au-dessus de la Chapelle-Saint-Germain jusqu'à la crête et jusqu'au versant sud de la Galère, on trouve d'abord, comme je l'ai dit, les dolomies de la crête superposées au néocomien, puis, sur l'autre versant, on retrouve, avec une pente inverse, le néocomien à silex. L'apparence est celle d'un synclinal de néocomien, englobant les dolomies jurassiques. La même coupe se poursuit jusqu'auprès de Notre-Dame-des-Anges, où le synclinal se renverse vers le nord et montre sa charnière complètement exposée. La coupe est particulièrement intéressante au Pilon-du-Roi, qui forme au sommet de la crête une sorte de grosse tour isolée (coupe n° 4, Pl. II) à parois verticales. Au pied du rocher, au sud, sont les marnes néocomiennes froissées et écrasées ; le rocher lui-même est en calcaires blancs, jurassiques ou plus probablement valanginiens, la pente sud est en dolomies jurassiques, et, en descendant vers la ferme des Mares, on voit réapparaître le néocomien, dessinant trois anticlinaux secondaires, au centre desquels se montre l'hauterivien enveloppé par le valanginien, puis par le jurassique. Deux des charnières sont bien visibles et exposées sans discontinuité, près du croisement du chemin de Notre-Dame-des-Anges (V. *fig.* 3, p. 19).

La zone *f* se compose donc, elle aussi, d'une nappe de terrains renversés, postérieurement plissée. Elle occupe par rapport à l'aptien et au trias la même position relative que la zone *c*, dont elle est seulement la continuation, interrompue par la dénudation. De même, et pour les mêmes raisons, il est clair que les ilots de la Galinière et de Cadolive se rattachent, en réalité, à cette même zone, et n'en sont que des lambeaux respectés par l'érosion.

Au sud de la zone *f* on rentre dans une série où les superpositions sont partout régulières, et qui forme la masse principale du massif de l'Étoile.

Résumé et conclusions relatives à la bande de Mimet. — J'ai insisté un peu longuement sur la bande de Mimet, parce que l'existence de cette nappe renversée est le fait capital qui éclaire la géologie de toute la région. On peut la suivre bien loin à l'est et au sud-est, au pied de la Sainte-Beaume comme autour du massif d'Allauch, et c'est elle qui seule peut donner la clef de ces structures compliquées. Sans aller si loin, pour la question à laquelle je veux me borner ici, celle du bassin de Fuveau, cette notion est le point de départ nécessaire d'une interprétation d'ensemble ; il convenait donc d'accumuler et de préciser les preuves, de manière à ne laisser aucun doute sur ce point de départ. On voit, en résumé, qu'en divisant la surface en six zones longitudinales, il y a des preuves directes du renversement général des terrains pour trois de ces zones, et que, pour toutes, on peut démontrer que la zone composée des terrains plus récents, s'enfonce et passe sous celle qui est composée de terrains plus anciens.

On voit aussi que cette nappe de terrains renversés est une nappe complexe formée de la superposition de plusieurs nappes distinctes : les zones *a* et *c* forment une première nappe (gault et aptien), superposée au crétacé supérieur, avec lequel le contact se fait par tous les termes successifs, du cénomanien jusqu'au bégudien. Les zones *b* et *f* forment une seconde zone superposée à la première, comprenant le néocomien et le jurassique, mais comme tronquée par le bas et débutant par un terme quelconque de la série. Enfin le trias forme une troisième nappe indépendante qui recouvre et rabote toutes les autres. Ces trois nappes sont donc limitées par trois grandes surfaces de glissement, trois grands *thrust planes*, qui amènent entre elles de remarquables apparences de discordances. Un lambeau de brèches superposé aux marnes irisées de Saint-Germain donne à prévoir qu'il y avait un quatrième *thrust plane*, isolant la nappe non renversée qui surmontait toutes les autres, et qui là, a été enlevée par la dénudation. La coupe schématique ci-jointe (*fig.* 11) reconstitue l'allure et la composition moyenne de ces nappes, telles qu'elles devaient être avant le mouvement qui les a plissées.

Fig. 11. — *u*, urgonien. — N, néocomien. — j^5, jurassique supérieur. — j^4, séquanien. — j^2, oxfordien et callovien.

Un fait intéressant, c'est que chaque surface de glissement coïncide d'un côté avec une couche marneuse qui semble avoir servi de lubréfiant. On a souvent remarqué la fréquence avec laquelle les marnes irisées jouent ce rôle ; ici elles apparaissent deux fois, en position renversée et en position normale, et elles déterminent deux *thrust planes* qui encadrent et isolent le trias. De même, deux autres surfaces de glissement, correspondant au gault et au sommet des marnes aptiennes, isolent la bande aptienne, et enfin à la base le glissement s'est fait sur les marnes bégudiennes, associées à la brèche.

Il est bon de rappeler, en terminant ce chapitre, que la galerie à la mer des charbonnages des Bouches-du-Rhône doit passer prochainement à 350 mètres de profondeur, sous l'affleurement triasique de Saint-Germain. Il est à peu près certain qu'elle ne rencontrera pas le trias, fournissant ainsi la vérification matérielle des conclusions précédentes ; il est plus difficile de dire si elle ne coupera pas le fond de la cuvette aptienne, mais en tout cas on peut prévoir que la plus grande partie de son parcours, sous la bande de Mimet, se fera dans les couches bégudiennes et fuvéliennes (*fig.* 2, Pl. III).

Massif de l'Étoile. — Faille du Pilon-du-Roi. — Au sud de la bande de Mimet, comme je l'ai dit, on entre dans une région toute différente : tous les terrains sont en place, dans l'ordre normal de stratification et, d'une manière générale, ils inclinent doucement vers le sud. Entre les Bastidonnes et la Galère seulement, sur 2 kilomètres de longueur environ, il y a une légère retombée vers le nord. Il n'y a rien dans les affleurements qui justifie la notion généralement admise d'un pli renversé bordant au nord les massifs de la Nerthe et de l'Étoile ; nulle part on ne voit les couches se replier ni revenir sur elles-mêmes. Que la série commence avec le lias (tunnel de la Nerthe), avec le bathonien (tranchée de Septèmes) ou avec les dolomies jurassiques (Pilon-du-Roi et Notre-Dame-des-Anges), c'est partout une série normale, avec pendage au sud. Il y a deux exceptions : à l'est des Bastidonnes, le callovien et l'oxfordien forment voûte, et les couches s'abaissent au nord jusqu'au néocomien (*fig.* 2 et 3, Pl. II), mais c'est une voûte très surbaissée, sans fortes pentes et sans indice de renversement, ni même de tendance au renversement. A l'extrémité est du massif, la galerie du Terme, creusée en tunnel près de la surface par la Compagnie de Saint-Savournin, a traversé les premières couches du massif, composées d'infra-lias. Ces couches qui, à partir de là, le long de la route de Marseille, plongent régulièrement vers le sud, suivant la règle générale, ont été trouvées dans la galerie formant voûte, et cette voûte semble se replier sur elle-même en se couchant vers le nord. C'est, du moins, l'explication qui m'avait paru évidente; c'est celle qu'avait admise M. Collot en publiant cette coupe (*). Je crois maintenant, d'après la continuité avec les coupes relevées à la surface, que les dolomies en contact avec le bégudien ne sont pas le retour par plissement des dolomies rencontrées plus au sud, qu'elles en sont séparées par une faille, dont le passage est marqué par une zone de brouillage (*fig.* 12), et que, probablement, elles doivent appartenir à la bande de Mimet. La voûte d'infra-lias ne serait plus alors qu'une voûte surbaissée semblable à celle des Bastidonnes, et conforme à la règle générale énoncée plus haut.

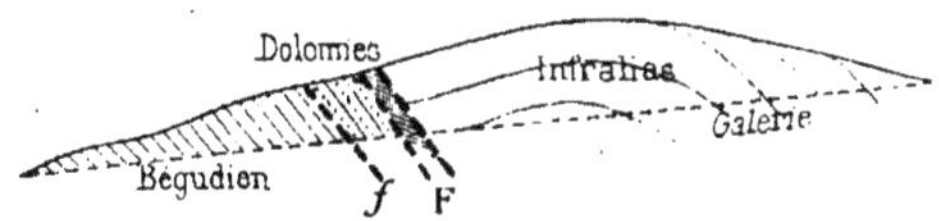

FIG. 12. — Coupe de la galerie du Terme.

La coupe de la tranchée de Septèmes est curieusement instructive à ce point de vue. La bande de Mimet y est représentée par la zone *a*, par la brèche et par une lame étroite de jurassique supérieur, continuation ininterrompue de la zone *c*. A 2 mètres environ plus au sud, commence la série normale et régulière, débutant par le bathonien, et entre les deux on trouve une zone de terrains étirés, où l'on reconnaît des représentants du bajocien, du lias et même du muschelkalk (Voir *fig.* 7, p. 29). S'il y avait pli couché, ces termes seraient renversés, ce qui n'est pas. L'étirement des couches, réduisant à 2 mètres d'épaisseur une série de plusieurs centaines de mètres, est un phéno-

(*) *Bull. Soc. géologique*, 3e série, t. XIX, p. 1140. Les autres coupes de la même région, données par M. Collot, notamment la *fig.* 21 (coupe à 200 mètres au sud-est de Cadolive) admettent également un anticlinal renversé dans le bord de la série jurassique de l'Étoile ; cette interprétation était toute naturelle, mais il est facile de voir, sur ces coupes et dans le texte, que ce n'est qu'une interprétation. Il n'y a nulle part d'autres terrains renversés que ceux de la bande de Mimet, telle que je l'ai définie plus haut.

mène caractéristique des plis couchés ou des grands charriages. D'une part, il n'y a, comme je viens de le dire, pas trace visible de pli couché, et, d'autre part, un pli couché qui aurait sa racine en ce point n'aurait dû produire ces étirements que dans le flanc renversé ; par conséquent, sur ce seul indice, on peut prévoir qu'on est en présence de masses charriées, ou, en d'autres termes, que, s'il y a pli couché, la racine en est bien loin au sud.

Sans insister davantage sur la structure du massif de l'Étoile, ce qui m'écarterait de mon sujet, je passe à l'examen de la faille (faille du Pilon-du-Roi), qui sépare la partie renversée de la partie non renversée. D'après ce caractère même, elle est facile à suivre sur le terrain, quoique en certains points elle mette en contact les dolomies jurassiques de la bande de Mimet (zone *e*) avec celles du massif de l'Étoile. Elle se prolonge bien loin à l'ouest, et dans le tunnel de la Nerthe on a constaté que, jusqu'à 200 mètres de profondeur, son inclinaison moyenne est voisine de la verticale ; dans la tranchée, son inclinaison (vers le sud) est de plus de 45° ; enfin, à l'est, un travers-bancs des mines de Valdonne l'a recoupée un peu au-dessous du niveau de la mer; dans la galerie même la pente était de 65° ; mais la pente moyenne, d'après l'affleurement à la surface, est de 35° environ. On voit donc que la faille a une inclinaison variable ; on peut retenir seulement que, dans l'ensemble, cette inclinaison est nettement accusée vers le sud ; en certains points elle se rapproche de celle que nous avons constatée pour la faille de la Diote.

Ceci posé, d'où peut venir la nappe de terrains renversés ? Il est clair qu'elle ne s'arrêtait pas brusquement à la ligne où s'en terminent les affleurements ; il faut donc, pour venir à sa place actuelle, qu'elle ait passé, *ou au-dessus, ou au-dessous, de la chaîne de l'Étoile.* Les deux hypothèses paraissent également invraisemblables ; l'une d'elles pourtant est nécessairement vraie.

J'avais rejeté d'abord sans discussion la seconde hypothèse; l'observation des faits m'y a ramené peu à peu et me l'a en quelque sorte imposée. Je ne puis donner ici que le cadre de la démonstration, qui, pour être complète, exigerait une description des massifs voisins.

A l'ouest du chemin de fer de Septèmes, le trias de la zone *d* reparait en traînées discontinues qui vont peut-être jusqu'au Rove ; sur tout ce parcours, c'est-à-dire sur plus de 12 kilomètres, ce trias est dans le voisinage immédiat du lias, ou même du trias, qui se montrent, de l'autre côté de la faille, à la base de la série non renversée. A l'ouest de la ferme de la Candole (*fig.* 13), le trias

Fig. 13. — Coupe près de la ferme de la Candole. — N, néocomien. — j^5, jurassique supérieur. — j_1, calcaires marneux (oxfordien, bathonien et bajocien). — *l*, lias. — I, infralias. — Tr, trias. — F, faille du Pilon-du-Roi.

et l'infralias ne sont séparés que par une petite crête néocomienne (*), large à peine de quelques mètres. Si le trias de l'Étoile est en place, il est séparé du trias de la série renversée par toute l'épaisseur du jurassique, augmentée de celle de la série renversée ; c'est une différence de hauteur de près de 1.000 mètres. Il est invraisemblable qu'une faille de cette amplitude ramène avec une pareille persistance, au voisinage l'un de l'autre, deux trias si éloignés dans la série verticale.

A l'extrémité orientale du massif de l'Étoile auprès de

(*) Ce néocomien ne m'a pas fourni de fossiles, et n'est déterminé que d'après son apparence lithologique. L'*Ammonites fissicostatus*, trouvé par M. Vasseur près de la tranchée du chemin de fer, dans des calcaires à peu près semblables, peut jeter un doute sur cette détermination ; mais, en tout cas, néocomiennes ou aptiennes, ce sont toujours des couches crétacées.

Cadolive, une faille transversale, reconnue par les exploitations, dite faille de 80 mètres, rabaisse les terrains au sud-est ; cette faille, bien visible à la surface, décroche de plus de 300 mètres le bord du massif jurassique et la grande faille du Pilon-du-Roi. Il faut donc que là cette faille n'ait près de la surface qu'une inclinaison de 25 p. 100 ou de 15°.

Un peu plus loin, une seconde faille transversale, également reconnue par les travaux, la faille Doria, rabaisse les terrains de 300 mètres à l'est et reporte de 500 mètres au nord la même bordure jurassique, en détachant le petit massif de Peypin. En même temps, la nappe de terrains renversés, momentanément interrompue, reparaît au sud, formant à l'est de Pichauris un grand îlot triangulaire, partiellement recouvert de trias et d'infralias (*). Or là, la nappe renversée s'enfonce au nord sans ambiguité sous le massif de Peypin et va même reparaître de l'autre côté du massif, sur le bord nord-est. Elle longe aussi vers le sud le massif de l'Étoile ; on peut en conclure qu'elle pénètre d'au moins 5 kilomètres sous le massif de l'Étoile. C'est un minimum, et je crois même qu'elle va reparaître au sud du massif, dans la plaine de Marseille. Mais c'est là un autre problème, que je ne veux pas traiter ici, et dont la solution n'importe pas directement à l'objet de cette note. Le seul fait que je veuille retenir est que la nappe renversée a sa continuation *au-dessous et non au-dessus* du massif de l'Étoile, que par conséquent le crétacé, sur lequel elle repose, pénètre profondément sous le massif; le lambeau de Gardanne, comme je l'ai montré direc-

---

(*) Voir, pour une description plus détaillée, mon mémoire sur le massif d'Allauch (*Bulletin des services de la carte géologique*, t. III, 1891). J'avais hésité alors à tirer définitivement la conclusion des faits observés, à cause de la difficulté d'un raccordement avec les coupes de la Sainte-Beaume. De nouvelles observations que j'exposerai prochainement en détail ont levé ces difficultés.

tement dès le début, provient précisément de ces parties profondes, situées primitivement très au sud sous le massif.

En résumé, la faille du Pilon-du-Roi est, comme la faille de la Diote, comme la faille du Safre, comme les *thrust planes* de la bande de Mimet, une faille de chevauchement. De même que la faille de la Diote amène au jour un lambeau du substratum entraîné par le charriage, de même que la faille du Safre amène au jour la bande des terrains renversés, ou lambeau de poussée (*), la faille du Pilon-du-Roi amène au jour la masse non renversée des terrains de recouvrement. Le fait que cette faille soit à peu près verticale dans le tunnel de la Nerthe, et probablement en d'autres points, ne peut pas être une objection, puisque nous savons maintenant que ces failles de chevauchement ont été postérieurement plissées avec les couches. Mais, de plus, il est facile de voir, d'après l'allure même des coupes, qu'il y a là un accident spécial auquel est due la plus forte inclinaison de la faille. Considérons ainsi la coupe de la planche II, qui montre le néocomien et les dolomies de Notre-Dame-

F

Fig. 14 et 15.

des-Anges se relevant au contact de la faille, en formant un synclinal ouvert vers le nord. Pour que les terrains s'enfoncent ensuite sous le massif de l'Étoile, il semble

(*) C'est l'expression rendue classique, pour la nappe renversée, par les travaux de M. Gosselet dans le nord. En fait, elle s'appliquerait mieux ici au lambeau de Gardanne, que je propose, pour le distinguer, d'appeler *lame de charriage*.

nécessaire qu'un anticlinal les ramène à plonger réellement au sud. Aucune trace de cet anticlinal n'est visible ; il faut donc qu'il soit supprimé par une faille (*fig.* 14), ou encore qu'en ce point (*fig.* 15) le charriage, rencontrant un obstacle, une inégalité du substratum, ait *retroussé* la nappe renversée sous-jacente. En tout cas, la coupe actuelle montre qu'il y a là un point singulier, où, soit par suite d'un affaissement postérieur, soit par suite d'une circonstance spéciale et locale dans le phénomène même de charriage, la faille de charriage n'a pas et ne doit pas avoir sa pente habituelle.

Pli de Bouc et Cabriès. — J'aurais terminé ici l'exposé des principaux accidents de la bordure du bassin crétacé de Fuveau, si M. Vasseur ne m'avait montré, un peu plus au nord, dans les calcaires éocènes, un remarquable plissement, qui se relie à une même origine, et qui vient compléter d'une manière tout à fait instructive l'analogie avec le bassin houiller du nord. Ce plissement avait passé jusqu'ici inaperçu, et en effet il se manifeste dans des calcaires très pauvres en fossiles et très uniformes d'aspect ; le caractère véritable en est masqué par des accidents secondaires, et il fallait, pour en reconnaître l'existence, joindre à une patience minutieuse et à des recherches prolongées, une connaissance approfondie des fossiles tertiaires.

Le pli de Bouc est un pli couché dans les calcaires de Langesse (couches à *Physa Draparnaudi*) ; M. Vasseur en a trouvé la charnière bien visible, avec reploiement des bancs calcaires autour de cette charnière. Le flanc non couché du pli se continue par des plateaux qui succèdent régulièrement au calcaire de Saint-Marc et aux terrains crétacés en place. Il n'est donc plus question ici de charriage, mais seulement d'un pli du substratum.

Or ce qui est remarquable, c'est que ce pli n'est visible

et ne semble exister qu'en face de la faille de la Diote, au nord du lambeau de Gardanne. Si l'on suit la faille plus à l'est, les différentes couches crétacées, comme je l'ai expliqué, viennent successivement en contact avec elle ; le pli de Bouc a complètement disparu. Quelques indices montrent pourtant qu'il se continue rudimentairement en profondeur, ou, en d'autres termes, qu'il est remplacé ou représenté par des lambeaux de terrains renversés, échelonnés *sous la faille.*

D'abord, au sud de Gardanne, M. Vasseur a découvert un lambeau de bégudien (avec Physes), pincé entre le fuvélien du lambeau de Gardanne et les argiles à reptiles en place. Plus loin, au nord de Mimet, après l'inflexion de la faille de la Diote vers le sud-est, la galerie de la cote 178 l'a traversée, et a rencontré la coupe ci-jointe, qui m'a été communiquée par M. Domage, directeur des charbonnages des Bouches-du-Rhône (*fig.* 16). On voit

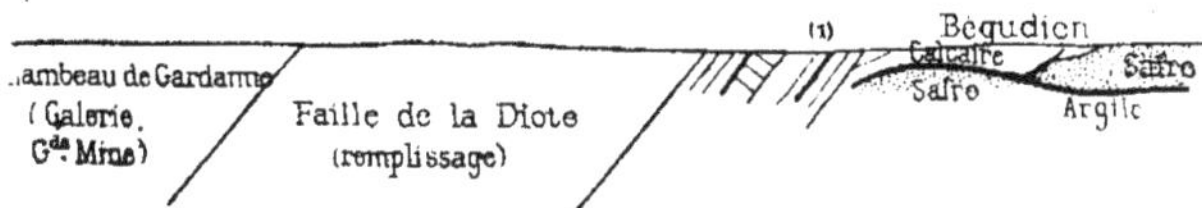

Fig. 16. — Coupe des terrains avoisinant la faille de la Diote (galerie de la cote 178, charbonnages des Bouches-du-Rhône). — (1), veinules de charbon et calcaires noirs coquilliers.

que la faille a pris là une inclinaison plus grande, et qu'elle est séparée des terrains bégudiens en place (safre et argile) par des calcaires fossilifères, avec traces de charbon, attribués au fuvélien. Sans en avoir la preuve, je croirais volontiers que cette série est renversée, et que le valdonnien y est représenté à l'ouest, à la partie supérieure.

Enfin la galerie Armand, dont j'ai déjà parlé, auprès de Cadolive, a suivi, à peu près au niveau de la mer, la mine de Gros-Rocher jusqu'à la faille de 80 mètres, puis elle est entrée en travers-bancs et a recoupé tout le fuvélien renversé (*fig.* 17), avant d'atteindre le trias (*). On peut voir là l'amorce en profondeur du synclinal de Bouc.

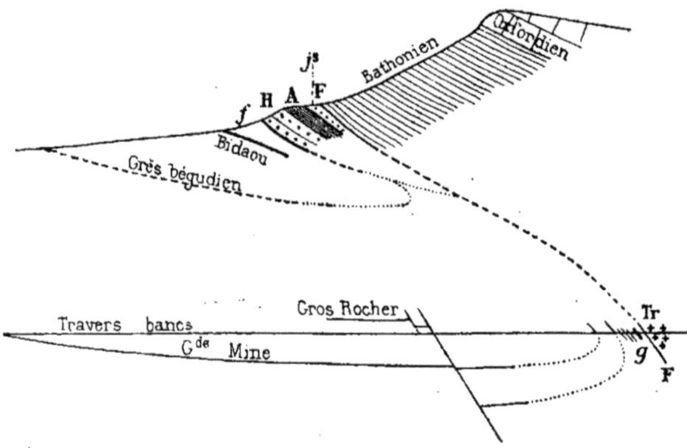

Fig. 17. — Coupe de la galerie Armand (charbonnages de Valdonne). — H, calcaire à rudistes. — A, aptien. — j^5, dolomies jurassiques. — Tr, trias. — *f*, faille du Safre. — F, faille du Pilon-du-Roi.

Si l'on compare ces différentes coupes, on voit qu'elles peuvent toutes se traduire par la même formule : les masses charriées ont rebroussé les couches sur lesquelles elles glissaient et les ont soulevées en un bourrelet plus ou moins large. Il n'y a pas eu traînage d'ensemble ; dans le centre du pli formé, le flanc renversé est resté en continuité avec le flanc normal ; il y a seulement eu, pour les couches enveloppantes, écrasement et entraînement partiel de quelques lambeaux du flanc renversé (*fig.* 18).

Ce bourrelet est *local ;* il n'a qu'une faible extension

(*) La galerie a rencontré, 1 ou 2 mètres avant le trias, une mince couche de gypse intercalée dans le valdonnien. C'est évidemment du *gypse régénéré*, c'est-à-dire du gypse triasique entraîné par les eaux et recristallisé dans une fente.

longitudinale. Si donc il y a d'autres phénomènes restreints au même espace, il est naturel de chercher à les mettre en relation de cause à effet. Or c'est ce qui a lieu : le pli de Bouc, ou les lambeaux et les rebroussements qui le continuent, *n'existent qu'en avant du lambeau de Gardanne.* C'est donc dans l'existence de ce lambeau qu'on doit chercher la cause de leur formation.

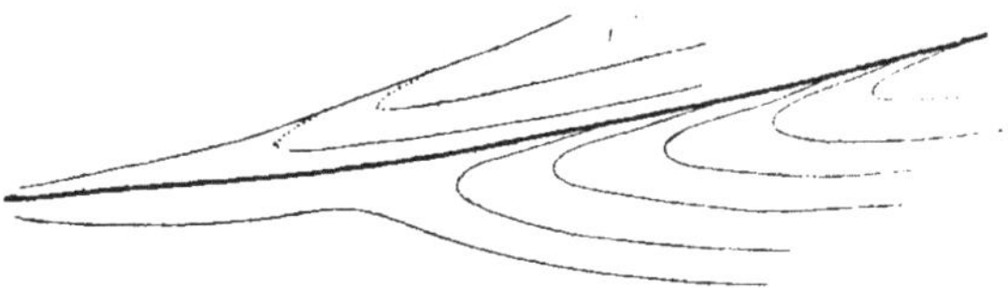

FIG. 18.

Rien ne semble en effet plus naturel, dans la mesure du moins où l'on peut se rendre compte du mécanisme de ces chevauchements : tant que les masses charriées glissent sans obstacle sur leur substratum, l'ensemble des observations montre qu'elles n'y déterminent pas d'accident ni de modification notable. Mais si, pour une raison ou pour une autre, elles entraînent quelque part un lambeau de ce substratum, cet épaississement ajouté à leur base crée un obstacle à la continuation du mouvement, détermine des résistances et des frottements dont la conséquence est un nouvel entraînement de matière et la formation d'un bourrelet. Ce bourrelet même contribue à arrêter le lambeau qui l'a formé, et alors le mouvement d'ensemble, débarrassé de cet obstacle, peut continuer dans les conditions primitives.

Il serait facile, en poussant plus loin l'analyse, de montrer que le bourrelet ainsi formé ne doit pas être un pli anticlinal, mais seulement le bord relevé d'une cuvette synclinale, dans lequel les couches sont écrasées ou supprimées sur une longueur d'autant plus grande qu'elles sont plus anciennes, ou, si l'on veut, plus extérieures. C'est bien ce qui arrive à Bouc et à Cabriès. Il est remarquable que les mêmes phénomènes et les mêmes apparences se produisent pour le bord sud (zone *f*) de la bande de Mimet. On peut, il me semble, en conclure que le substratum renversé de la partie nord de la chaîne de l'Étoile a été, comme les terrains de Bouc, poussé et pressé en avant dans le mouvement de charriage (c'est l'hypothèse représentée *fig.* 15), et que, par conséquent, ces terrains renversés ne doivent plus exister sous la partie septentrionale de la chaîne. Et comme c'est là qu'a été aussi probablement arraché le lambeau de Gardanne, la nappe de l'Étoile doit, au moins au nord, reposer directement sur le valdonnien ou même sur le Santonien (calcaire à hippurites). Les coupes du massif d'Allauch paraissent fournir une confirmation de cette hypothèse.

Résumé relatif à la bordure du bassin de Fuveau. — Nous sommes en mesure maintenant de résumer et d'embrasser dans un coup d'œil d'ensemble les particularités de la bordure du bassin de Fuveau. Elles sont toutes dans une dépendance étroite les unes des autres et dans un rapport simple avec un grand phénomène de charriage vers le nord.

Les faits d'abord sont les suivants :

Les couches *en place* du bassin de Fuveau forment une sorte de demi-coupole, un grand dôme surbaissé autour du petit massif jurassique de Regaignas ; elles sont affectées de cassures radiales, qui ont donné naissance aux *moulières*, et qui vont converger vers le centre de ce massif.

Du côté de l'ouest, dans la partie où les couches, par suite de leur disposition en ellipses concentriques, sont dirigées du nord au sud, elles disparaissent brusquement sous une faille peu inclinée, orientée de l'est à l'ouest.

Cette faille (faille de la Diote) superpose aux terrains en place un *paquet* de couches en stratification normale et régulière, un peu plus anciennes et différemment orientées (lambeau de Gardanne). Les courbes de niveau de ces couches montrent aussi l'amorce d'une disposition en ellipses concentriques ; mais ces ellipses ne pourraient se raccorder avec celles des couches en place ou avec leur continuation probable qu'en ramenant les premières de 5 à 6 kilomètres plus au sud. Le lambeau de Gardanne est précédé au nord, sur une partie de son parcours, par un bourrelet éocène, dû au relèvement des bords d'une cuvette synclinale couchée (pli de Bouc et de Cabriès).

Le lambeau de Gardanne s'enfonce au sud sous une nouvelle faille (faille du Safre), également peu inclinée et également orientée de l'est à l'ouest. Cette faille le sépare d'une nappe de terrains renversés, qui, au lieu de s'étendre horizontalement sur les précédents, a été affectée de plis nombreux, uniformément couchés vers le nord. On voit en plusieurs points les charnières de ces plis montrant les terrains les plus récents au centre des anticlinaux. La nappe de terrains renversés se décompose elle-même en quatre nappes indépendantes, séparées par des surfaces de glissement qui ont été plissées avec les couches. La première nappe, ou nappe inférieure, comprend le crétacé supérieur ; la seconde, le gault et l'aptien ; la troisième, le néocomien et le jurassique ; et enfin la quatrième, nettement discordante avec les autres, est uniquement composée de trias.

La nappe renversée est séparée des couches en stratification normale de la chaîne de l'Étoile par une troisième faille, la faille du Pilon-du-Roi. En certains points elle s'enfonce sous cette faille, en d'autres elle se rebrousse à son contact. Mais la faille, dans son ensemble, quoique débutant quelquefois verticalement, présente également une faible inclinaison vers le sud, si bien que la chaine de l'Étoile, au moins dans sa plus grande partie et peut-être dans sa totalité, est superposée au crétacé.

L'explication, comme je l'ai dit, est tout entière liée à un grand phénomène de charriage : la chaîne de l'Étoile, sans chercher provisoirement à préciser l'ampleur du mouvement, a été poussée et trainée sur le bassin crétacé de Fuveau, étalant irrégulièrement au-dessous d'elle, suivant la loi ordinaire de ces phénomènes, une nappe de terrains renversés. Dans son mouvement, la masse charriée a rencontré le bourrelet formé par le dôme surbaissé de Regaignas ; elle l'a raboté et a entraîné avec elle un morceau du substratum (lambeau de Gardanne), qui, retardé par les frottements, rebroussant à son contact les couches en place sur lesquelles il glissait, a dressé devant lui le pli de Bouc et de Cabriès, et n'a pu s'avancer que de 5 à 6 kilomètres. Le charriage de la grande nappe n'en a sans doute pas moins continué plus loin encore ; mais, dans cette partie au moins de la Provence, la dénudation a supprimé toute trace d'un avancement plus septentrional.

On peut suivre encore quelques phases subséquentes de l'histoire des mouvements du sol ; les fentes, disposées radialement autour du massif de Regaignas, ont joué postérieurement ; il est probable, en effet, qu'elles sont contemporaines de la formation du dôme ; mais les dénivellations qui les accompagnent sont, en partie au moins, certainement postérieures ; car, d'une part, l'une d'elles affecte la faille de la Diote, et d'autres se font sentir, à la fois et également, sur le substratum et sur la bordure du massif de l'Étoile. Après la formation de ces failles, les pressions ont continué à agir, car elles ont rapproché les bords des failles est-ouest, tandis que les failles obliques à cette direction sont restées ouvertes et bâillantes, les failles nord-sud donnant lieu aux moulières les plus importantes. C'est cette continuation des pressions qui a déterminé dans la nappe renversée, tout le long de la bande de Mimet, des plis couchés vers le nord (*).

Cette nouvelle conception de la structure du bassin montre que les couches de charbon ont une extension vers le sud très supérieure à ce que l'on supposait ; elles ne doivent être limitées que par la faille du Pilon-du-Roi. Ainsi, il est probable que, sur le trajet de la galerie à la mer, les couches en place existent environ à 2 ou 300 mètres au-dessous du niveau de la mer, et que les couches du lambeau de Gardanne remonteront jusqu'au niveau même de la galerie.

COMPARAISON AVEC LE BASSIN HOUILLER DU NORD.

L'exposé précédent met immédiatement en évidence la relation fondamentale de structure qui existe entre le bassin houiller du nord de la France et le bassin de Fuveau ; l'un et l'autre ont été affectés par de grands mouvements de charriage ; l'un et l'autre représentent de larges cuvettes qui ont été en partie recouvertes par des terrains plus anciens.

Si là ressemblance se bornait là, il n'y aurait pas besoin de longs développements pour la faire ressortir ; mais elle se poursuit, selon moi, dans le détail même des phénomènes. Le pli de Bouc, le lambeau de Gardanne, la bande de Mimet et le massif de l'Étoile ont tous leurs représentants dans le bassin houiller ; à la faille de la Diote correspond la faille d'Abscon ; à la faille du Safre, la faille limite ; et à la faille du Pilon-du-Roi la grande

(*) On pourrait, il est vrai, invoquer pour la formation de ces plis un simple affaissement, un enfoncement dans le substratum, comme celui des marnes vertes dans le gypse parisien. Mais, même dans cette hypothèse, le fait que tous ces plis sont couchés vers le nord force à invoquer la continuation des pressions latérales.

faille eifélienne, ou faille du Midi. Non seulement ces failles sont disposées de la même manière, mais elles jouent exactement le même rôle dans les deux bassins. Les structures sont si exactement calquées l'une sur l'autre que celle d'un des deux bassins, là où elle est mieux connue, peut expliquer les points obscurs de l'autre.

Le point de départ de cette comparaison de détail est le fait que le lambeau de Denain n'est pas le véritable bord de la cuvette houillère, mais que c'est un lambeau charrié, comme celui de Gardanne. J'ai émis cette opinion dans un mémoire publié ici même il y a quatre ans (*) ; mais depuis, M. Chapuis (**) a présenté à cette théorie une série d'objections, qui, d'une part, modifient heureusement la position que j'avais attribuée à la faille de poussée et, d'autre part, tendent à mettre en doute la prolongation du terrain houiller en place sous le lambeau de Denain. Il importe d'abord d'examiner ces objections, qui ne me semblent pas de nature à modifier mon idée première ; je crois même que la rectification faite par M. Chapuis permet maintenant de grouper les faits avec une évidence qui donne à la solution un caractère bien voisin de la certitude.

Faille d'Abscon et lambeau de Denain ; leur continuation dans le Pas-de-Calais. — Tout d'abord, quoique ce ne soit pas l'ordre logique, je veux faire remarquer que la comparaison avec le midi suffit à faire pressentir que, s'il y a faille de charriage, ce rôle doit être attribué à la faille d'Abscon, et non au cran de retour. Le lambeau d'Abscon occupe la place du pli de Bouc; par conséquent, ce doit être un bourrelet formé sur place, par relèvement

(*) Études sur le bassin houiller du Nord et sur le Boulonnais, *Annales des Mines*, juin 1894.

(**) Note sur la constitution du midi du bassin houiller de Valenciennes. *Annales des Mines*, août 1895.

des couches, avec déchirures, mais sans transport; il doit être composé de couches semblables aux couches en place voisines, appartenant avec elles à un même faisceau. Quant au cran de retour, il n'a pas d'équivalent dans le midi; on peut en conclure que c'est un phénomène d'un autre ordre, sans rapport direct ni nécessaire avec le charriage. Tout cela est exactement ce qu'a montré M. Chapuis.

M. Chapuis s'est fondé sur la coupe de la nouvelle bowette (niveau 400) de la fosse Saint-Mark (Compagnie d'Aniche), bowette qui a traversé les deux failles et tout le lambeau intermédiaire. Le cran de retour est une faille nette, avec remplissage de quelques centimètres; les terrains du toit présentent une complète analogie d'allure avec ceux du mur, et la teneur en matières volatiles diffère peu. La faille d'Abscon, au contraire, correspond à une zone de brouillage dans des couches extrêmement tourmentées et broyées, et les terrains restent bouleversés jusqu'à une grande distance au sud; la teneur en matières volatiles, l'allure des couches, et même le caractère de la flore, à peine modifiés par la première faille, varient brusquement d'un côté à l'autre de la seconde.

L'allure des couches est celle d'un synclinal à bord sud renversé, sans que nulle part les couches renversées se replient au sud pour indiquer une amorce anticlinale. C'est un nouveau trait qui, en précisant l'analogie avec le pli de Bouc, vient indirectement à l'appui des faits précédents. Je considère donc, avec M. Chapuis, la conclusion comme bien établie; s'il y a une partie charriée, c'est la faille d'Abscon qui la limite au nord. Le cran de retour est un accident d'un autre ordre, qui sépare deux systèmes également *en place* l'un et l'autre, et primitivement déposés l'un auprès de l'autre. Je reviendrai tout à l'heure sur le cran de retour, je dirai seulement ici que, par suite des constatations faites à l'Escarpelle, sa continuité avec la faille Reumaux, dans le Pas-de-Calais, paraît maintenant indiscutable.

Quant à la faille d'Abscon, si c'est une faille de charriage, elle doit aussi, et à plus forte raison, se continuer à l'ouest; il se peut seulement qu'elle ne continue pas à affleurer au Tourtia, allant buter en profondeur contre le cran de retour, qui l'aurait relevée et aurait amené sa dénudation complète plus au nord. Il se peut aussi qu'elle continue à affleurer au Tourtia, et c'est l'hypothèse que j'avais choisie, en supposant que la faille de charriage suivait la zone de brouillage constatée à l'ouest du faisceau de Douai.

M. Chapuis croit ce trajet peu vraisemblable ; les raisons qu'il en donne me semblent peu concluantes.

Elles ne contredisent ni n'expliquent le fait, affirmé par M. Olry, qu'une grande zone de brouillage isole au sud, à la bowette du midi de Saint-René comme à celle de Dechy, *un faisceau de veines inconnues aux autres fosses* (*), avec une teneur en matières volatiles brusquement accrue de 4 p. 100. A la bowette Notre-Dame il n'en est plus de même ; les couches rencontrées, jusqu'à Claire compris, qui forme fond de cuvette, appartiennent bien certainement au faisceau de Douai, comme l'indique M. Chapuis ; seules, les dernières au sud (Germaine et Nouvelle-Veine), un peu moins riches en matières volatiles, n'ont encore été assimilées avec certitude à aucune couche, ni du faisceau de Douai, ni du faisceau sud de Saint-René ; mais, dit M. Chapuis, elles appartiennent manifestement à ce dernier faisceau.

Si l'on admet cette assertion, le faisceau sud se trouve limité au nord par une ligne à peu près droite (*fig.* 2, pl. IV, de M. Chapuis), qui, partant de la fosse Saint-René, va passer entre les traces de Claire et de Germaine, qui

(*) Olry, *Bassin houiller de Valenciennes*, p. 328.

coïncide avec la zone de brouillage, et rien absolument n'empêche que la ligne ainsi précisée ne corresponde au passage de la faille d'Abscon. M. Chapuis combat avec succès un autre point de passage possible, au nord de la veine Claire, mais il ne parle pas de celui que j'indique, soit parce qu'on n'a pas là constaté de faille très marquée, soit parce que « Claire et Germaine paraissent s'emboîter au couchant dans le grand pli du faisceau de la fosse n° 4 de l'Escarpelle ».

La première raison n'aurait pas grande valeur; on sait combien de fois ces grandes failles de glissement, presque parallèles aux couches, ont passé inaperçues dans les exploitations : ainsi, par exemple, à Blanzy et à Bessèges. Quant à la seconde raison, si l'emboîtement semble bien certain pour Claire, rien ne l'indique jusqu'ici pour Germaine et Nouvelle-Veine, dont la direction est, au contraire, sensiblement aberrante de celle des couches du faisceau de Douai; dans le cas d'ailleurs où cet emboîtement serait démontré par les travaux ultérieurs, si Germaine et Nouvelle-Veine appartenaient au faisceau de Douai, elles appartiendraient à sa partie supérieure, et, comme le calcaire a été rencontré à faible distance à l'ouest, il n'y a évidemment pas place pour toute la série inférieure. Il faut donc qu'il y ait une faille dans l'intervalle. La faille précédemment indiquée ferait un léger crochet; mais elle passerait toujours le long de la bordure; c'est là la seule conséquence qui importe, et elle me paraît inévitable.

Mais il y a plus : ce tracé de la faille, qu'imposent les considérations locales, quel que soit d'ailleurs le rôle qu'on attribue à cette faille, se trouve continuer exactement, au nord-ouest et au sud-est, deux autres tracés indépendants, dont l'un est celui de la faille d'Abscon, et dont l'autre correspond certainement, comme je crois pouvoir le montrer, à une faille de charriage.

M. Chapuis a montré que la faille d'Abscon venait passer, dans la concession d'Aniche, entre la fosse Sainte-Hyacinthe et le faisceau de Sainte-Barbe et de l'Espérance; il ajoute qu'on arrive ainsi aux environs de la fosse de Roucourt et du bord du bassin, ce qui peut s'admettre, pourvu que l'on entende le mot « environs » dans un sens assez large. En réalité, la faille doit se dévier, comme le bord du bassin, comme la direction des couches, comme le cran de retour, et cette déviation la mène tout droit à la ligne indiquée plus haut.

Passons maintenant au nord de la concession de l'Escarpelle. La bowette nord de Courcelles (*) a rencontré, à environ 1.300 mètres du puits, une région failleuse, au-delà de laquelle les terrains plongent régulièrement au midi, parallèlement aux veines les plus méridionales de la fosse n° 8 de l'Escarpelle (faisceau de Leforest, ordinairement identifié à celui de Douai). On peut voir, d'après la carte d'ensemble de M. Soubeiran, qu'il résulte de ce fait une différence d'allure assez marquée entre les terrains du nord et du sud de la région failleuse. C'est déjà une présomption de l'existence d'un accident important; mais, de plus, M. Zeiller a montré qu'il y a une différence brusque et complète entre la flore du puits n° 1 de Courcelles, c'est-à-dire, puisque avant la région failleuse on ne sort pas du même système de couches, entre la flore du sud de la faille et la flore des couches situées plus au nord. Le contraste est tel que M. Zeiller n'a pas hésité à en déduire l'existence d'une faille, qu'il a placée provisoirement sur la continuation de la partie déviée de l'affleurement au Tourtia. C'est bien à peu près ce qui aurait lieu, sauf que la faille s'infléchirait vers le nord-ouest, et que probablement, comme je vais le montrer, elle s'arrêterait à la faille Reumaux, ou irait, du moins,

(*) Soubeiran, *Bassin houiller du Pas-de-Calais*, t. I, p. 16 et 17.

plus à l'ouest, confondre son affleurement avec celui de cette faille centrale.

Je sais bien que M. Soubeiran ne prête pas une grande importance à cette région failleuse, puisqu'il compte que la continuation de la bowette pourra éclairer le problème de la position relative des deux faisceaux situés au nord et au sud. Il ne tient, en effet, aucun compte de la différence de flore affirmée par M. Zeiller, et il propose d'assimiler (p. 61) la veine n° 28, c'est-à-dire la veine la plus inférieure du faisceau de Douai, avec la veine n° 11 du faisceau d'Hénin à Dourges (*), c'est-à-dire avec une des veines inférieures du faisceau à gaz de Dourges, Lens et Bully-Grenay ; « il s'ensuit, dit-il, que le faisceau gras de Dorignies doit correspondre à la base et à la partie moyenne du faisceau d'Hénin ». Les raisons sur lesquelles est basé ce rapprochement (présence d'une zone stérile à la base des deux couches, même teneur en matières volatiles) paraissent de bien faible valeur en présence de la grande dissemblance d'âge indiquée par la flore. Elles seraient déjà en partie contredites par l'impossibilité, à si faible distance, de faire « la moindre assimilation de veine à veine »; mais surtout il est maintenant inadmissible, quand la paléontologie est si affirmative, que le dernier mot ne lui reste pas : le faisceau de Courcelles, appartenant à la zone C de M. Zeiller, est supérieur aux 850 mètres de terrains reconnus à l'Escarpelle au-dessus de la veine 28. On doit donc en conclure que la « région faillée » de la bowette nord du puits n° 2 correspond à un grand accident.

Or, si on prolonge la ligne qui figure cet accident sur la carte de M. Soubeiran, elle va rejoindre, au sud du sondage d'Auby, le sommet du promontoire formé par la

(*) Et aussi, par conséquent, d'après les assimilations admises pages 60 et 61, avec la veine n° 7 de Courcelles.

brusque inflexion de l'affleurement du terrain houiller au Tourtia, au nord-ouest de Douai. Là, la trace de l'accident doit naturellement s'infléchir avec toutes les lignes directrices, et elle va ainsi rejoindre (*fig.* 1, pl. III) la ligne de brouillages décrite plus haut, continuation présumée de la faille d'Abscon.

Je ne veux pas entrer ici dans la discussion des coupes du Pas-de-Calais, à laquelle j'espère pouvoir prochainement consacrer une étude spéciale. Mais il m'est impossible de ne pas faire remarquer dès maintenant la signification presque évidente de la coupe de Lens (*), que je reproduis (*fig.* 19).

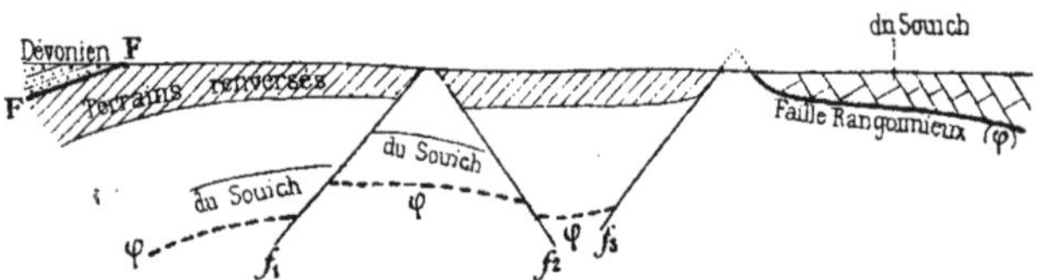

Fig. 19. — Coupe de la faille Rangonnieux (φ) (concession de Lens). — F, grande faille du Midi. — f_1, f_2, f_3, failles secondaires.

La faille Rangonnieux superpose horizontalement le faisceau des couches à gaz à un système tout différent; il suffit d'avoir eu l'attention appelée sur les phénomènes de charriage, pour en conclure, sans autre alternative possible, que le premier faisceau est un faisceau charrié, et, comme ce faisceau est incontestablement le même que celui de Courcelles, la zone de brouillages de la bowette du puits n° 1, non seulement comme je l'ai montré, correspond à un grand accident, mais, de plus, correspond à la trace d'une surface de charriage. Je ne sais pas si, dans la zone de brouillages, l'on a pu observer un pendage moyen pour l'accident et si ce pendage est plus ou

(*) Atlas de M. Soubeiran, coupe n° 7, pl. X.

moins incliné ; mais cela importe peu, puisque nous savons, par l'exemple de la Provence, que les surfaces de charriage n'ont pas conservé partout leur horizontalité primitive, et dès lors les probabilités sont évidemment pour que les lignes d'affleurement coïncident avec les parties de la surface les plus inclinées.

Ainsi, non seulement le trajet de la faille de charriage ne rencontre, le long de mon tracé primitif, aucune objection gênante (*), mais ce tracé va la raccorder, dans le Pas-de-Calais, avec une faille qu'on peut montrer directement être une surface de charriage. On voit combien la part d'hypothèse se trouve diminuée (**).

Je persiste à croire d'ailleurs, en dehors de la preuve nouvelle et plus directe qu'apporte la comparaison avec le Pas-de-Calais, que les considérations développées dans ma note précédente suffisaient à rendre la conclusion au moins très probable. J'avais montré, en effet (et mon raisonnement reste indépendant de la substitution de la faille d'Abscon au cran de retour) que, si l'on n'avait affaire dans le centre du bassin qu'à une ou à deux failles d'affaissement, si par conséquent les champs d'exploitation de Denain et d'Anzin n'étaient que les deux moitiés dénivelées d'une même cuvette, il fallait supposer des conditions de dépôt tout à fait exceptionnelles ; dans la moitié

(*) L'hypothèse d'une faille d'affaissement suivant ce tracé, qui, je crois, est le seul admissible, se heurterait, au contraire, à une grosse difficulté : à Dechy, au sud de la faille, la teneur en matières volatiles augmenterait ; elle diminuerait, au contraire, à Notre-Dame. Il faudrait alors admettre que la dénivellation change rapidement de sens, ou (ce qui d'ailleurs est bien possible) que la teneur en matières volatiles est un indice trompeur.

(**) Je n'ai pas parlé de l'argument que M. Chapuis croit pouvoir tirer de la présence du calcaire, dans les mêmes conditions, à Azincourt et à Dechy. Il doit y avoir là une inadvertance ; car le bord de Dechy et le bord d'Azincourt appartiennent tous deux, dans mon hypothèse, au lambeau charrié, et par conséquent il est tout naturel que le calcaire y offre, de part et d'autre, les mêmes rapports et la même disposition.

nord, toute la partie inférieure du terrain houiller (étages A, B_1 et B_2) serait riche en houille ; toute cette même partie, dans la moitié sud, serait à peu près complètement stérile. Pour l'étage inférieur A, qu'on ne connait pas près de la faille, on peut admettre qu'il y a place pour le passage d'un faciès à l'autre ; mais pour B_1 et B_2, pour B_2 notamment, la modification se ferait avec une brusquerie à peu près inadmissible. M. Chapuis dit : du moment qu'il est prouvé que les formations de charbons demi-gras et maigres ont fait défaut au sud du bassin, « il n'est guère plus difficile de concevoir que ces formations ne se soient pas étendues jusqu'au bord méridional du bassin, en lui attribuant la largeur, actuellement connue, d'environ 12 kilomètres, qu'en lui supposant 5 kilomètres de plus ». Sous cette forme l'assertion est très exacte; mais il ne s'agit pas de la largeur totale du bassin ; il s'agit de la distance entre le dernier point où le faisceau demi-gras est connu et celui où son absence est constatée. Cette distance est à peine de 2 kilomètres ; mettons 3 kilomètres pour la distance originelle avant le plissement des couches ; or à cette distance, évidemment bien petite pour de si grands changements, il n'est pas indifférent d'ajouter 5 kilomètres, c'est-à-dire de presque la tripler, surtout si l'on réfléchit que le déplacement de 5 kilomètres serait un *minimum*.

J'avais tiré un second argument de la disposition des couches et des affleurements dans la concession de Crespin. Si le bord des affleurements houillers marque, au sud de Valenciennes, le *bord vrai* de la cuvette houillère, c'est vers le puits d'Onnaing que ces couches et les terrains qui les avoisinent devraient aller aboutir, ce qui ne correspond guère avec la direction reconnue par les travaux. M. Chapuis essaie, il est vrai (p. 215) de jeter un doute sur les résultats du sondage d'Onnaing, parce que « les renseignements fournis par sondage présentent toujours une certaine incertitude ». Dans le cas actuel, le doute me paraît peu justifié ; ce n'est pas seulement le sondage de la fosse d'Onnaing, c'est celui de la gare d'Onnaing, ce sont tous ceux de la région voisine qui ont rencontré le calcaire carbonifère ; les résultats en ont été analysés par M. Gosselet (*l'Ardenne*, p. 739 et 740) et ne prêtent, semble-t-il, à aucune ambiguïté. On peut dire, il est vrai, que dans toute cette partie le calcaire carbonifère est probablement, ainsi qu'au Boussu, ainsi qu'à Quiévrechain, discordant sur le terrain houiller, et que, par conséquent, sa présence n'indique plus le vrai bord du bassin, comme quand il y a concordance entre le calcaire et les schistes. De là en effet jusqu'auprès de Marly, c'est le dévonien qui semble directement en contact avec le terrain houiller (*) ; il suffirait donc que les couches de Dour viennent aboutir au sud de Valenciennes. Il est clair alors qu'à cette distance on ne peut arguer sérieusement du fait que la direction des couches, telle qu'elle est observée à la frontière, les mène en ce point ou à 2 kilomètres plus au sud. J'ai fait remarquer pourtant que la direction moyenne de ces couches (assimilées au groupe de Long-Terne) entre le puits Sainte-Odile et Quiévrechain, est bien plus inclinée au sud-ouest que les affleurements de la frontière, comme s'il y avait là des variations locales correspondant à un plongement irrégulier des ennoyages vers le sud-ouest. De plus, j'ai montré que cette direction moyenne était celle des ondulations de la surface des terrains primaires, qu'on pouvait suivre beaucoup plus loin, et qu'on a le droit de considérer comme marquant les lignes directrices du substratum plissé. J'aurais pu ajouter que la surface de base du terrain dévo-

(*) Ce n'est pas l'opinion de M. Olry (*Bassin houiller de Valenciennes*, p. 24). C'est pourtant le résultat probable auquel on arrive, si l'on essaie de tracer une ligne qui sépare les sondages qui ont rencontré le calcaire carbonifère et ceux qui ont rencontré le dévonien.

nien, aussi bien que la surface supérieure du terrain houiller, montrent la trace d'ondulations dirigées dans le même sens. Je comprends, et je l'ai dit explicitement, qu'on n'accorde pas une confiance absolue à cette catégorie d'arguments, qu'on peut qualifier de théoriques ; mais à mes yeux ils ont une grande valeur.

Enfin reste la question de discontinuité entre la coupe belge et la coupe française. Cette discontinuité, d'après M. Chapuis, serait purement apparente. Il suffit de prendre la coupe de Mons et de la supposer arrêtée à un plan situé quelques centaines de mètres plus bas ; il suffit, en d'autres termes, de supposer le bassin de Valenciennes *plus dénudé*, pour que les deux coupes puissent se raccorder et correspondent à une même structure d'ensemble. Théoriquement, en effet, cela serait admissible ; mais l'hypothèse ne paraît pas conforme aux faits observés. Pour que le bassin de Valenciennes fût plus profondément dénudé que le bassin belge, il faudrait qu'il fût surélevé par rapport à l'autre : c'est là une règle générale ; mais elle devient évidente lorsque la surface de dénudation est, comme ici, une surface à peu près plane. Il faudrait donc que les lignes d'ennoyage plongent vers l'est ; or c'est partout le contraire qui a lieu. Cela est bien visible au nord pour les faisceaux du Vieux-Condé et de Vicoigne ; j'ai fait remarquer qu'il en était de même au sud pour les couches de Crespin (*). Enfin un dernier argument peut se tirer de l'examen des masses plus anciennes qui recouvrent le bord de la cuvette houillère ; si l'on fait une coupe parallèle au bord des affleurements houillers, depuis le Boussu jusqu'à Valenciennes, on voit affleurer à l'est d'abord le carbonifère, puis le dévonien, et même

(*) On ne peut rien dire pour le pli intermédiaire de la zone demi-grasse, puisque la ligne d'ennoyage est supprimée par le cran de retour, qui n'a laissé subsister que des portions inégalement incomplètes du flanc nord de la cuvette.

le silurien (Bure du Saint-Homme) ; puis, un peu avant la frontière, le dévonien est de nouveau dénudé et le calcaire carbonifère s'étend jusqu'à Onnaing, où il plonge brusquement sous le dévonien (*fig.* 20). Par conséquent, en faisant abstraction de l'affaissement local à la Bure du Saint-Homme, affaissement qui produit par contre-partie, plus à l'ouest, un léger relèvement momentané, on voit que la pente d'ensemble est encore vers l'ouest. Toute hypothèse qui suppose le bassin de Valenciennes plus profondément dénudé que la partie voisine du bassin belge, est en contradiction avec les faits.

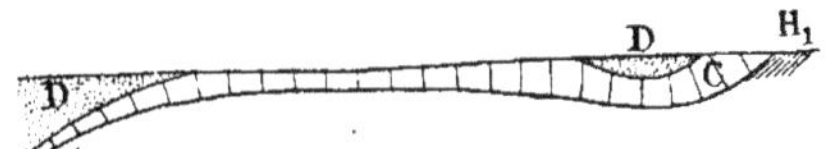

Fig. 20. — Coupe longitudinale du bord sud du bassin houiller, entre le Boussu et Onnaing. — H_1, Houiller inférieur. — C, calcaire carbonifère. — D, dévonien.

Il ne reste donc bien, pour expliquer la position du calcaire carbonifère d'Azincourt et de la fosse Dechy, que l'hypothèse d'un lambeau charrié. Partout ailleurs, aussi bien à Mons qu'à Auchy-au-Bois, quand le calcaire carbonifère reparaît le long de la bordure, il est discordant avec le terrain houiller, et il faudrait sans doute aller chercher bien loin en profondeur pour voir se rétablir le parallélisme des couches et une succession continue. Cette hypothèse d'un lambeau charrié est encore la seule qui permette de comprendre la rapide variation apparente dans la richesse en houille des zones inférieures ; enfin, de même que c'est la seule qui permette de ramener à un même type les coupes du Nord et celles de Mons et Charleroi, c'est la seule aussi qui permette de les raccorder avec les coupes du Pas-de-Calais. Je ne crains pas d'ajouter que la comparaison avec les coupes du bassin de Fuveau, en s'ajoutant à tous les autres arguments concordants, vient introduire un nouvel élément de certitude.

Lambeau d'Abscon et de Douai. — Cran de retour. — La signification du pli d'Abscon ressort de ce qui précède : c'est un pli synclinal couché provenant du rebroussement des couches au-dessous et en avant du lambeau inférieur de charriage. C'est ce que montre bien la coupe donnée par M. Chapuis (*) ; elle montre, en outre, que ce lambeau est tronqué par deux failles ; l'une est la surface même de charriage, l'autre est le cran de retour. Entre les deux, les couches d'abord renversées se remettent en plat en profondeur, dessinant l'amorce d'une cuvette. A l'est, les affleurements des deux failles se rapprochent et semblent devoir se confondre un peu au-delà d'Anzin, quoique le fait n'ait pas été constaté matériellement. A l'ouest, le trajet de la faille d'Abscon, tel que je l'ai déjà défini plus haut d'après M. Chapuis, entre les faisceaux gras et demi-gras d'Aniche, c'est-à-dire entre les fosses Sainte-Hyacinthe et Sainte-Barbe, est aussi le seul possible pour le cran de retour, par suite de la continuité reconnue des couches d'Anzin et d'Aniche. Par conséquent, le lambeau d'Abscon irait se coincer à ces deux extrémités, à l'est comme à l'ouest, et, d'après M. Olry, il se coincerait aussi en profondeur.

Mais, comme je l'ai dit plus haut, après l'étroit passage où les deux failles convergent, elles se séparent de nouveau au nord-ouest. La faille d'Abscon va passer à l'ouest des fosses Dechy et Notre-Dame, pour se confondre plus ou moins exactement avec la limite des affleurements houillers, et séparer plus au nord le faisceau des houilles à gaz et la prolongation du faisceau de Douai. Le cran de retour, au contraire, après une courte région inexplorée, reparaît avec tous ses caractères, à

(*) *Loc. cit.*, *fig.* 4, pl. IV.

l'est du faisceau de Douai, et se poursuit sous le nom de faille Reumaux dans tout le bassin du Pas-de-Calais. Par conséquent, la grande cuvette de Douai et de l'Escarpelle est comprise entre les mêmes accidents, a la même structure et occupe la même position que la cuvette tronquée d'Abscon. L'âge des couches qui composent les deux cuvettes semble bien être identique, et même il ne me paraît pas impossible de proposer, sous toutes réserves, un raccordement veine par veine des couches d'Abscon avec les couches comprises entre Bernard et de Chatenay, d'Aniche, ou, ce qui revient au même, avec les couches comprises entre n° 11 et n° 3 de l'Escarpelle. Le tableau de parallélisme serait le suivant :

Faisceau d'Abscon		Aniche (fosse Gayant)		L'Escarpelle fosses n°s 4 et 5	
couches	intervalles	couches	intervalles	couches	intervalles
Grand-Ferdinand........		Déjardin de Chatenay	11m,50...	n° 3	
	8m,00		11 ,10		25m,00
Passée..........		Lallier	....	n° 4	
	20 ,00		20 ,00		13 ,00
Ernestine........		le François de Layens	....6 ,50	pt n° 4 n° 5 *bis*	
	39 ,00		47 ,00		62 ,00
d'Heursel........		Wavrechain	....	n° 5	
	25 ,00		27 ,00		20 ,00
Sorel-Hocquart...		Bernicourt	....	n° 6	
	40 ,00		51 ,00		58, 00
Scipion..........		Delloye Minangoye	.... 8 ,00	n° 9 n° 10	10, 00
	23 ,00		42 ,00		50 ,00
Casimir..........		Bernard	....	n° 11	

Les variations d'épaisseur et aussi celles de matières volatiles, entre la première et la seconde liste, seraient moins grandes qu'entre la seconde et la troisième, pour lesquelles l'assimilation est admise (*), et l'augmentation progressive des intervalles est conforme à ce qui a été observé dans les travaux d'Abscon.

Quoi qu'il en soit de cet essai de rapprochement détaillé, auquel je n'attache pas une grande importance, l'homologie du faisceau de Douai et du faisceau d'Abscon me paraissent hors de doute. Le faisceau de Douai va d'ailleurs se coincer à l'ouest, par suite du nouveau rapprochement de la faille d'Abscon et du cran de retour. L'équivalent du pli de Bouc, morcelé en deux lambeaux, peut-être complètement distincts, peut-être seulement séparés par un étranglement, s'étendrait donc de Dourges à Valenciennes.

Quoique je ne veuille pas m'appesantir ici sur le cran de retour, auquel provisoirement je ne vois pas d'équivalent dans le midi, il m'est impossible de ne pas indiquer la conclusion qui semble ressortir des développements précédents. M. Chapuis (p. 210) a dit avec raison qu'il serait bien étonnant, si la faille d'Abscon et le cran de retour sont de nature ainsi que d'origine tout à fait dissemblables, qu'elles se suivent aussi fidèlement à si faible distance. L'argument emprunte une nouvelle force à la prolongation des tracés, telle que je l'ai indiquée ; on voit en effet que les deux failles sont également affectées par le décrochement de Douai. Or, quelque signification qu'on prête à cet accident, il semble évident qu'il est postérieur aux grands charriages, et qu'il n'aurait pas laissé subsister le parallélisme apparent de deux failles, dont l'une aurait été verticale, et l'autre sensiblement horizontale (**). Je

(*) Olry, p. 389 et 390.

(**) Ceci demanderait quelques explications plus détaillées, dans lesquelles je ne pourrais entrer ici sans sortir de mon sujet. Je traiterai la question plus complètement dans une note que je compte prochainement donner sur la structure du bassin du Pas-de-Calais.

crois donc que le cran de retour est, comme la faille d'Abscon, un accident qui doit tendre à se remettre horizontal en profondeur ; le fait d'ailleurs que les travaux ont montré le rapprochement graduel des deux failles en profondeur est bien conforme à cette idée. Il en résulterait que le cran de retour ne serait pas une faille d'affaissement, au sens précis du mot, mais *une faille de tassement*. Ce serait le poids même des masses superposées à des terrains flexibles, comme le sont les schistes houillers, qui en aurait déterminé l'enfoncement local. Je reviendrais ainsi à l'interprétation du cran de retour que j'avais proposée il y a quinze ans, dans un premier essai d'assimilation des phénomènes de charriage des Alpes avec ceux du bassin houiller franco-belge (*).

Fig. 21. — Hypothèse relative au cran de retour. — φ, faille d'Abscon (position primitive). — Cr (ligne pointillée), Cran de retour. — f, faille limite. — H, houiller inférieur. — C, calcaire carbonifère.

La figure ci-jointe (*fig.* 21) montre comment je comprendrais ce phénomène de tassement, et la forme d'ensemble qu'il suppose pour la surface du cran de retour. On voit que, si l'on adopte cette explication, il peut y avoir plusieurs crans de retour au-dessous d'une même nappe de charriage, et que leur position n'a aucune relation nécessaire *a priori* avec les différents phénomènes secondaires liés au charriage. C'est ainsi que la faille de Ferques, dans le Boulonnais, pourrait être un cran de

(*) Rapports de structure des Alpes de Glaris et du bassin houiller du Nord, *Bull. Société géologique*, 3e série, t. XII, p. 318 (1884).

retour, et il en serait peut-être de même, dans le Midi, de la faille du Pilon-du-Roi (*).

Lambeau de poussée et faille limite. — Les noms de lambeau de poussée et de faille limite sont, comme on sait, dus à M. Gosselet, qui, le premier, a montré la véritable signification de ces phénomènes. Le lambeau de poussée est maintenant connu et admis comme un élément en quelque sorte normal de la coupe théorique du bassin houiller franco-belge. M. Gosselet, d'ailleurs, en suivant son extension le long du bord du bassin houiller, a bien montré (**) que le lambeau de poussée n'existe pas partout, et que par sa nature même, et comme son nom l'indique, il est intermittent. Dans le département du Nord en particulier, il n'existe qu'à l'est, entre Onnaing et la frontière; dans le Pas-de-Calais (***) on peut peut-être lui attribuer une partie des terrains houillers renversés, au sud de la faille des Plateures, mais il ne reparaît avec certitude qu'à l'ouest, entre Divion et Auchy-au-Bois. En Belgique, il est surtout bien connu du côté de Charleroi, où les derniers travaux de M. Briart (****) ont jeté un jour nouveau sur sa constitution.

Le lambeau de poussée est formé de couches renversées, qui, en général, reposent *en discordance* sur les terrains houillers. C'est l'absence de cette discordance qui constitue, pour la région d'Anzin et de Douai, la diffé-

---

(*) Ou, pour mieux dire, ce serait l'existence d'un cran de retour qui déterminerait l'affleurement de la grande faille de charriage le long de la ligne précédemment décrite.

(**) *L'Ardenne*, p. 735 et suiv.

(***) Le calcaire, signalé à la fosse n° 1 de Courcelles et dans les sondages voisins, avait, il est vrai, été attribué au calcaire carbonifère et semblerait alors indiquer là l'existence du lambeau de poussée. Mais les résultats (non encore publiés) de la galerie de Liévin et de l'étude qu'en a faite M. Barrois, ne me semblent pas permettre de maintenir cette attribution.

(****) A. Briart, *Géologie des environs de Fontaine-l'Évêque et de Landelies*. Liège, 1894.

rence essentielle sur laquelle M. Olry a appelé l'attention. Ainsi que je l'ai suffisamment expliqué dans mon précédent mémoire et dans celui-ci, M. Olry concluait de cette différence que la grande faille du Midi n'existe plus au sud de Valenciennes, et que le bassin houiller y reprend la forme plus simple d'une cuvette complète renversée sur ses bords ; j'en conclus, au contraire, qu'une nouvelle complication s'introduit dans la structure, et que, la faille du Midi continuant plus au sud pour reparaître dans le Pas-de-Calais, au lambeau de poussée et en avant de lui s'ajoute une *lame de charriage*.

Le lambeau de poussée et la lame de charriage ont tous les deux pu amener du calcaire carbonifère en dessus du terrain houiller en place ; mais l'un fait partie d'une nappe renversée, et l'autre d'une nappe non renversée. En fait, cette première différence fondamentale disparait localement, parce que les deux nappes ont pu être plissées postérieurement et qu'en particulier le lambeau de charriage montre ses couches retroussées jusqu'au renversement sur le bord méridional ; mais il reste une seconde différence : dans le lambeau de poussée, le calcaire carbonifère est amené par faille, et par conséquent en discordance apparente, sur le terrain houiller ; dans le lambeau de charriage, le calcaire carbonifère et le terrain houiller qui l'accompagne font partie d'un même paquet et sont restés en concordance.

La lame de charriage correspond dans le midi au lambeau de Gardanne ; le lambeau de poussée correspond avec évidence à la bande de Simiane.

Ici pourtant il y a, semble-t-il, entre les deux régions, une différence qui, sans être fondamentale, mérite qu'on s'y arrête un instant. La nappe renversée est plissée en Provence, elle ne parait pas l'être dans le nord. S'il en était ainsi, les compressions latérales auraient continué à agir dans le Midi après le grand phénomène de charriage ;

leurs actions, au contraire, n'auraient pas laissé de trace appréciable dans le nord.

Je crois qu'en y regardant de plus près on peut déjà signaler dans le nord des traces de plissement postérieur, et en indiquer d'autres comme bien probables. A la rigueur déjà, la coupe du Boussu montre une cuvette formée par les terrains renversés, qu'on pourrait rapprocher des phénomènes de plissement. La coupe de la tranchée du Haut Banc, dans le Boulonnais, indique certainement un plissement, très aigu et très complexe, des nappes charriées, quoique (le calcaire carbonifère n'étant pas renversé au-dessus du houiller) il s'agisse plutôt là d'une lame de charriage que du lambeau de poussée (*). Mais ce sont surtout les coupes de M. Briart, dans les environs de Landelies, qui sont démonstratives à cet égard. J'ai reproduit deux d'entre elles dans mon précédent mémoire (*fig.* 1 et 2, pl. X), et l'on peut y voir combien l'allure des couches y est tourmentée. Il n'y a pas de vrais plissements figurés ; mais il suffit de se reporter à la première coupe que M. Briart avait donnée de cette même région (**), pour voir que c'est là une affaire d'interprétation. Je crois ainsi bien probable que la pointe de houiller rencontrée par le sondage de Monceau-Fontaine (*fig.* 1 de la planche citée), entre deux calcaires carbonifères, est la tête d'un anticlinal couché (anticlinal de houiller perçant dans le calcaire carbonifère). Mais, sans faire d'hypothèse, on peut s'en rapporter à la coupe précise relevée le long de la Sambre et de la tranchée du chemin de fer du Nord. C'est la *fig.* 3 de la planche XXI,

(*) La véritable analogie pour cette partie du Boulonnais serait, je crois, à chercher avec le lambeau de Denain, qui montre un plissement tout à fait semblable. La houille du Boulonnais, comme position, serait à rapprocher non pas de la houille de Denain, mais de celle que j'ai supposé exister sous le lambeau de charriage.

(**) *L'Ardenne*, p. 746.

dans le mémoire de M. Briart. Je la reproduis à moindre échelle (*fig.* 22). Le calcaire carbonifère fait là partie du paquet isolé par la faille de Lernes et tout entier superposé au houiller ; c'est un morceau du lambeau de poussée, et les plissements aigus auxquels il a été soumis sont manifestes (*).

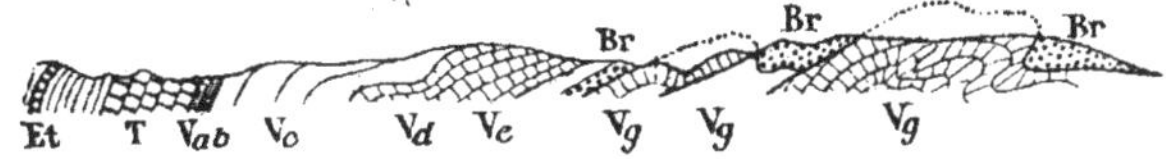

Fig. 22. — Coupe du calcaire carbonifère de Landelies (tranchée du chemin de fer du Nord), d'après M. Briart. — *Et*, calcaire d'Etrœungt. — T, tournaisien. — V_{ab}, V_c, V_d, V_e, zones successives du viséen. — V_g, calc. à *Productus giganteus* (viséen supérieur). — *Br*, brèche.

Les coupes de M. Briart mettent encore un autre fait important en évidence : le lambeau de poussée se décompose en trois tranches superposées, dont la plus supérieure comprend naturellement les terrains les plus anciens. Ces tranches sont séparées par des surfaces de glissement, des *thrust planes*, absolument comme nous l'avons constaté pour la bande de Simiane. Ces failles, dans le midi, sont plissées avec les couches; elles ne sont pas figurées comme telles dans les coupes de Landelies; mais cela tient seulement à ce qu'on n'a pas là d'éléments suffisants pour préciser leur tracé en profondeur. Le point important, et d'ailleurs très naturel, c'est qu'elles se retrouvent dans les deux régions et qu'elles divisent de la même manière le lambeau de poussée en tranches superposées. C'est une analogie de plus, qui vient s'ajouter à l'analogie de position et à l'analogie de structure.

(*) D'après les coupes d'ensemble, M. Briart semble considérer le paquet comme un lambeau détaché du bord d'un anticlinal. D'après ce qui précède, il me paraît évident que c'est un synclinal de la nappe renversée. On remarquera aussi l'existence de la brèche qui, bien que son origine soit contestée, semblerait correspondre au passage d'un *thrust plane*, et montrerait, par conséquent, ce *thrust plane* plissé avec les couches.

Ces analogies sont peut-être encore plus frappantes, un peu plus à l'est, dans la région de Fosse et d'Ormont, décrite plus récemment dans un mémoire remarquable de M. l'abbé de Dorlodot (*). On peut voir avec évidence, dans la description et dans les coupes de ce mémoire, l'existence de deux lambeaux superposés au houiller, qui est exploité au-dessous d'eux. L'un de ces lambeaux est en position normale ; l'autre, qui lui est superposé, est formé de couches renversées. Je ne pourrais pousser plus loin l'assimilation sans discuter dans le détail quelques-unes des conclusions de M. l'abbé de Dorlodot, et sans sortir ainsi du cadre de ce travail. Je ne crois pas que la délimitation de ces deux lambeaux soit faite d'une manière définitive, ni qu'on ait attaché une importance suffisante aux failles (faille de Sébastopol et faille du fond du Guay) qui séparent, selon moi, le lambeau renversé du lambeau non renversé. Ces failles semblent locales et discontinues, parce que, quand elles mettent en contact des terrains à peu près du même âge, elles passent facilement inaperçues ; c'est ce qui était arrivé dans le midi pour la faille du Pilon-du-Roi, qui, sur une partie de son parcours, met en contact les dolomies jurassiques de deux bandes différentes, les unes renversées, les autres en position normale. Je crois, en d'autres termes, qu'il convient de démembrer les massifs de Bouffioulx et de Loverval, tels que les comprend M. l'abbé de Dorlodot ; mais, en tout cas, la coupe de la planche V montre bien le fait d'un paquet renversé superposé à un paquet non renversé, tous deux charriés au-dessus du terrain houiller, et la *fig.* 2 du même mémoire (p. 46 du tirage à part), figure que je reproduis ici (*fig.* 23), montre, d'autre part, le plissement d'une nappe renversée ; c'est pour les plis figurés dans cette

(*) *Recherches sur le prolongement occidental du silurien de Sambre-et-Meuse et sur la terminaison orientale de la faille du midi*, par le chanoine H. DE DORLODOT (*Annales de la Soc. géol. de Belgique*, t. XX).

coupe que M. l'abbé de Dorlodot a proposé le nom de *plissements retournés*. Si mon interprétation est exacte, cette coupe est identique à celle qui montre dans le midi le lambeau de Gardanne et la bande renversée de Simiane s'enfonçant sous la grande faille de charriage (*). Ici nous trouvons que le lambeau non renversé a été rebroussé près de cette faille, tandis que dans le midi nous avions constaté ce rebroussement pour le lambeau de poussée et pour les terrains en place ; il faut en conclure seulement que le rebroussement est la règle, partout où il y a eu obstacle au glissement et augmentation du frottement.

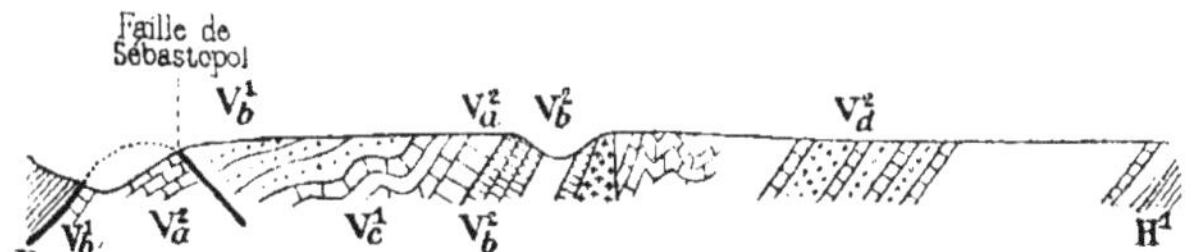

FIG. 23. — Coupe du calcaire carbonifère de Bouffioulx, d'après M. l'abbé de Dorlodot.— V^{1b}, V^{1c}, viséen inférieur.— V^{2a}, V^{2b}, V^{2c}, V^{2d}, zones du viséen supérieur (V^{2a}, zone à *Productus Cora* : V^{2d}, zone à *Prod. giganteus*). — H, H_1, houiller inférieur. — F, faille du midi.

Je ne pourrais pas, avec les données qui me sont actuellement connues, poursuivre le détail de ces phénomènes au-delà du bassin de Charleroi; mais cependant les coupes de Liège et surtout celles du houiller de Theux (**) me donnent dès maintenant la conviction qu'ils se continuent très loin vers l'est. En tout cas, comme je crois

(*) M. l'abbé de Dorlodot, pour pouvoir, contrairement à son opinion première, rattacher cette nappe *à plissements retournés* au massif de Bouffioulx, c'est-à-dire au lambeau non renversé, admet un pli couché local, dont la tête, séparée du tronc, aurait versé dans les terrains sous-jacents. L'hypothèse en elle-même me paraît peu vraisemblable, et le devient beaucoup moins encore, quand on songe qu'il s'agit là d'un phénomène à peu près général le long de la bordure, et par conséquent indépendant des causes locales.

(**) V. DEWALQUE, *Compte rendu de la session extraordinaire de la Société géologique de Belgique à Spa en* 1886, p. 50 (24).

l'avoir expliqué, ces phénomènes relatifs au lambeau de charriage et au lambeau de poussée sont des phénomènes secondaires, dont la continuité n'est pas nécessaire. Ils suffit qu'ils existent aux points où je les ai décrits pour bien montrer l'analogie profonde avec la région du midi.

Massif de l'Ardenne. — Faille du Midi. — Le dévonien inférieur qu'ont rencontré de nombreux puits et sondages au sud des affleurements houillers, et qui reparait plusieurs fois au jour dans le Pas-de-Calais, est, comme on le sait, par la continuité des directions et par la similitude des roches, la prolongation du bord septentrional du bassin de Dinant, la prolongation par conséquent du massif de l'Ardenne. Ce massif a dans son ensemble subi un transport vers le nord et a été charrié sur la cuvette houillère ; c'est là le fait principal, la notion fondamentale à laquelle se rattachent toutes les complications apparentes des différentes coupes. Le même fait s'est reproduit dans les chaînes de montagnes plus récentes, et c'est là le point de départ de toutes les analogies signalées dans ce mémoire.

La surface le long de laquelle a eu lieu le charriage est ce qu'on appelle la faille du Midi. Son inclinaison est variable, comme le montre la coupe plusieurs fois citée du bassin de Mons ; en certains points, ainsi près d'Onnaing, son inclinaison devient très forte ; il en est de même à l'ouest de Douai, le long de la ligne d'inflexion du bord apparent du bassin houiller, et il y a des raisons sérieuses de supposer qu'il en est encore ainsi dans tout l'intervalle qui sépare ces deux points. Par contre, dans le Pas-de-Calais, l'inclinaison redevient très faible ; on l'estimait, en moyenne, à 25° ; la galerie poussée au sud de Liévin jusqu'à la rencontre de la faille (*) a constaté que, sur une distance horizontale de 2 kilomètres, la pente

(*) Soubeiran, *Bassin houiller du Pas-de-Calais*, t. II, p. 401 (*addenda*).

moyenne n'était que de 11°, et les 100 mètres suivants ont encore montré un raplatissement plus accentué. On peut admettre qu'au-dessus du bassin houiller, et même assez loin vers le sud (Voir les coupes de M. de Dorlodot), la surface de glissement était primitivement une surface à peu près plane et peu inclinée, et qu'elle a été accidentée par des mouvements postérieurs.

L'amplitude du déplacement horizontal a été considérable, et nous ne pouvons évaluer que des minima. D'abord il est peu probable que nous ayons le bord même de la nappe de recouvrement; il est plus probable qu'elle se continuait plus loin au nord et qu'une partie en a été enlevée par la dénudation. Mais, en se bornant à ce qu'on voit, la coupe de Mons donne un minimum de 7 kilomètres; près de Charleroi M. de Dorlodot trouve un minimum de 13 kilomètres, et dans le Pas-de-Calais une évaluation provisoire me mène déjà à 8 kilomètres. Je suis persuadé que ces nombres, de même que ceux que j'ai donnés pour le midi, ne donnent pas une mesure définitive du déplacement total; mais ils suffisent pour donner une première idée et pour légitimer les rapprochements.

Je veux faire remarquer d'abord qu'un phénomène semblable ne peut pas être discontinu ; sans doute il doit cesser quelque part, mais seulement par atténuation graduée et progressive. Il est impossible qu'il disparaisse pendant quelques kilomètres pour reprendre ensuite avec la même amplitude, ou que le glissement cesse suivant la surface primitive pour se produire suivant une autre surface plus ou moins parallèle. On peut parler de plis *qui se relaient*, quand un pli prend naissance en face d'un autre pli qui disparaît ; mais ici l'ampleur constante du phénomène rend une pareille idée inadmissible.

Il faut conclure de là qu'*à priori*, et indépendamment de la démonstration directe que j'ai essayé de donner, la faille du Midi ne peut pas ne pas exister entre Valenciennes et

Douai; le charriage de 7 kilomètres au moins, qui s'est produit à l'est et à l'ouest, ne peut pas ne s'être pas fait sentir dans la partie intermédiaire. A la rigueur, on pourrait prétendre que, le même charriage s'étant produit, il a, dans cette partie intermédiaire, entraîné plus loin avec lui les terrains sous-jacents, et que cela suffit à expliquer la différence des coupes. Mais alors le bassin de Valenciennes se trouverait reporté au nord des parties homologues de Mons et du Pas-de-Calais ; à Douai les différentes couches de houille, au lieu de s'infléchir vers le nord, devraient être brusquement reportées vers le sud. Et, de l'autre côté, du côté de la frontière, il n'y a pas de trace, ni par inflexion ni par faille, d'un déplacement de cette nature. Sans aucun doute pour moi, le houiller, dans le Nord comme dans le Pas-de-Calais, se poursuit assez loin sous le dévonien ; seulement dans le Nord, il y a plongement rapide de la grande faille, et il est à craindre que le terrain houiller ne soit ainsi reporté à des profondeurs considérables.

Le même raisonnement me paraît contredire l'idée, plusieurs fois énoncée et plus particulièrement développée par M. de Dorlodot, que la faille eifélienne de Liège serait distincte de la faille du Midi. La caractéristique de la faille du Midi est de mettre en contact deux massifs de structure et de composition différentes : au sud un massif ancien dont les couches non renversées plongent régulièrement au sud ; au nord, un massif de nature tout autre, le lambeau de poussée ou la lame de charriage. M. Gosselet a depuis longtemps fait remarquer qu'une différence fondamentale vient compléter et faciliter la distinction : le dévonien inférieur n'existe que dans le massif du sud ; il ne s'est certainement pas déposé au nord du bassin houiller, mais il ne s'est pas non plus déposé, d'après tous les indices, dans les régions d'où provient la lame de charriage. Le silurien de Fosse fait tout entier partie du massif de l'Ardenne, c'est-à-dire du massif qui surmonte la faille de charriage, et, dans ce massif, il ne peut y avoir de dévonien supérieur ou moyen posé directement sur le silurien ; la limite du silurien et du dévonien moyen (poudingue de Nanine) coïncide nécessairement (*) avec l'affleurement de la faille du Midi ; si cette limite est sinueuse, cela indique seulement qu'une ondulation de la surface de faille la rapproche momentanément de l'horizontale ; c'est cette même ondulation qui expliquerait le décrochement apparent (à l'est de Fosse) de la bande de poudingues. Une fois ces remarques faites, la carte de M. de Dorlodot et la carte d'ensemble de M. Gosselet montrent clairement que la faille du Midi, comme la continuité l'exige, va se raccorder avec la faille eifélienne de Liège.

Avant de terminer ce qui est relatif à la faille du Midi, je veux encore indiquer un rapprochement possible entre la Provence et la région du nord. En Provence, comme je l'ai dit, la faille de charriage (faille du Pilon-du-Roi) affleure suivant une ligne qui correspond à une brusque ondulation de la surface de charriage, cette surface par faille ou par *flexure* s'abaissant rapidement vers le sud. C'est pour cela qu'en certains points, par exemple au tunnel de la Nerthe, la surface de faille s'est montrée presque verticale. La nappe de recouvrement, qui forme le massif de l'Étoile, remplit donc une cuvette synclinale, à bord septentrional très relevé. Or c'est une règle d'une application très générale que ces brusques flexures se traduisent dans le relief par une ligne saillante ; la saillie du massif de l'Étoile au-dessus des régions voisines se trouverait donc en rapport avec un rapide abaissement de la surface de faille. D'un autre

(*) En réalité, un peu de silurien aurait pu être entraîné avec le lambeau de charriage, il n'en serait pas moins vrai que l'affleurement de la faille devrait suivre à faible distance celui du poudingue.

côté, j'ai déjà remarqué (*) qu'au-dessus du paquet du Boussu et au Blanc-Misseron, la surface des terrains primaires dessine une saillie qui, contrairement à la règle ordinaire, ne concorde avec aucun anticlinal des terrains anciens; cette croupe, ai-je dit, semble marquer la place d'une longue traînée de roches anciennes superposées aux parties les plus profondes du synclinal houiller. En d'autres termes, cette croupe serait un reste de la saillie superficielle qui primitivement, comme aujourd'hui à l'Étoile, correspondait au fond ou au bord d'un synclinal. De même que, si l'on conçoit une nouvelle nappe de dépôts s'étendant sur la Provence nivelée, il est naturel de supposer que les actions de nivellement, abrasion ou dénudation, n'auront pas complètement ramené la chaîne de l'Étoile au niveau commun, et que sa place restera indiquée par une saillie du fond de la nouvelle mer.

La croupe du Blanc-Misseron se continue au sud du bassin houiller, et elle va rejoindre au sud du Pas-de-Calais la croupe beaucoup plus accentuée et même probablement faillée au nord, que forme la surface des terrains anciens sous les collines de l'Artois. On est donc amené à voir dans ces collines l'homologue exact de la chaîne de l'Étoile, à supposer, par conséquent, que c'est au pied nord de ces collines, peut-être à l'aplomb même de la faille des morts-terrains, que se produit une brusque plongée de la faille de charriage. On arriverait ainsi à cette conclusion intéressante : que la faible pente constatée par les nouveaux travaux de recherche (de 11 à 25°) se continuera à peu près jusqu'à la ligne Rebreuve-Givenchy, pour faire place, là, à un plongement rapide et à un brusque abaissement.

(*) *Études sur le bassin houiller du Nord*, p. 10.

Résumé et Conclusions.

J'espère avoir atteint le but de ce mémoire et avoir mis hors de doute la remarquable analogie de structure qui existe entre la bordure du bassin crétacé de Fuveau et celle du bassin houiller franco-belge. J'espère aussi avoir montré que cette analogie, poursuivie jusque dans les détails, et si étonnante au premier abord, n'est que la conséquence naturelle du grand phénomène de charriage, qui, aux époques les plus anciennes comme aux plus récentes, a accompagné et probablement précédé la formation des grandes chaînes européennes.

Je crois utile, en terminant, de résumer sommairement les faits principaux d'observation et les conséquences qui en découlent.

Sur le bord du bassin de Fuveau, composé de couches régulièrement ordonnées autour du petit massif de Regaignas, au sud de Gardanne, on trouve un lambeau de terrains à lignite, isolé du bassin en place par une faille très oblique, inclinée au sud. Ce lambeau, d'ailleurs très régulier, et activement exploité, vient évidemment du sud, et même d'une place au sud que la forme des affleurements semble permettre de déterminer approximativement, sous le massif jurassique de l'Étoile.

Ce premier lambeau, comme l'ont montré les travaux, s'enfonce sous une nappe de terrains renversés large de près de 2 kilomètres. Cette nappe a subi des plissements énergiques, dans lesquels les terrains les plus récents se montrent au centre des anticlinaux, et les terrains les plus anciens au centre des synclinaux. Elle se subdivise en plusieurs autres, séparées par des surfaces de glissement secondaires (ou *thrust planes*), qui ont été plissées avec les couches. Elle est, sur toute sa largeur, superposée aux couches à lignite, et est l'analogue du lambeau de poussée dans le nord.

La série renversée est interrompue par une nouvelle faille, au sud de laquelle commence la série jurassique régulière du massif de l'Étoile. Cette faille, en certains points assez inclinée, jusqu'à approcher parfois de la verticale, reprend vite, en profondeur, une allure à peu près horizontale. On peut même supposer que la chaîne de l'Étoile est tout entière superposée au crétacé ; mais les faits décrits dans ce mémoire montrent seulement que le crétacé s'enfonce profondément au sud sous le massif jurassique.

Ces conclusions peuvent se mettre sous la forme suivante : le massif de l'Étoile est un massif charrié qui, dans son mouvement vers le nord, a entraîné à sa base des lambeaux de terrains renversés. Il a de plus entraîné, aux points où, pour une raison ou pour une autre, la pression et l'adhérence se sont trouvées augmentées, un morceau du substratum, constituant, au-dessous des lambeaux de poussée, ce qu'on peut appeler une lame de charriage, un lambeau non renversé au-dessous des lambeaux renversés. De plus, partout où le frottement est devenu trop fort, le mouvement de charriage a *retroussé* les couches sous-jacentes, aussi bien celles du substratum, que celles des lambeaux de charriage ou de poussée. En particulier, l'entraînement du lambeau de Gardanne a déterminé, en avant de ce lambeau, un bourrelet du substratum qui correspond au bord relevé d'une cuvette synclinale couchée. C'est le pli de Bouc et Cabriès. Dans le bord relevé on constate des glissements des couches les unes sur les autres ; mais il n'y a pas eu arrachement du substratum ; ce sont des couches en place, que le mouvement de charriage a relevées, mais qu'il n'a pas entraînées avec lui.

Si nous passons maintenant au bassin houiller franco-belge, nous trouvons la même série d'accidents, semblablement disposés et explicables de la même manière, presque dans les mêmes termes : le massif de l'Ardenne est un massif charrié qui, dans son mouvement vers le nord, a entrainé à sa base des lambeaux de terrains renversés (lambeaux de poussée). Il a, de plus, entraîné un morceau du substratum (faisceau de Denain, faisceau à gaz de Dourges et Bully-Grenay), constituant, au-dessous des lambeaux de poussée, ce qu'on peut appeler une lame de charriage, un lambeau non renversé au-dessous des lambeaux renversés. De plus, partout où le frottement est devenu trop fort, le mouvement de charriage a *retroussé* les couches sous-jacentes ; en particulier, l'entrainement du lambeau de Denain a déterminé, en avant de ce lambeau, un bourrelet du substratum, qui correspond au bord relevé d'une cuvette synclinale couchée. C'est le pli d'Abscon et de Douai, pour lequel il n'y a pas eu arrachement du substratum ; ce sont des couches en place, que le mouvement de charriage a relevées, mais qu'il n'a pas entraînées avec lui.

Le rapprochement des faisceaux d'Abscon et de Douai peut même se justifier par une comparaison de détail des couches exploitées ; leur analogie avec la série en place, située plus au nord, est un point reconnu, tandis qu'il n'y a aucun rapport, ni comme composition des faisceaux ni comme flore, avec les couches de Denain qui les bordent au sud.

Ainsi, dans le bassin du Nord, la faille d'Abscon correspond à la faille de la Diote, du bassin de Fuveau ; la faille limite, à la faille du Safre, et la faille du Midi à celle du Pilon-du-Roi. Les lambeaux isolés par ces failles, et présentant respectivement une allure exactement semblable, sont, d'une part : le lambeau d'Abscon, la bande de Denain, le lambeau de poussée et le massif de l'Ardenne, et, d'autre part : le pli de Bouc, le lambeau de Gardanne, la bande de Mimet et le massif de l'Étoile. Le parallélisme est complet. Seul le cran de retour n'a pas, dans le midi, d'équivalent semblablement placé ; j'ai essayé de montrer que c'était seulement une faille de tassement, dont l'origine dépend bien des mêmes phénomènes, mais en dépend en quelque sorte indirectement, dont le voisinage avec la faille d'Abscon est purement fortuit, et dont la place est pour ainsi dire indéterminée, sans rapport nécessaire avec aucun des accidents précédents.

Un des traits essentiels de ce rapprochement est la superposition du lambeau de Denain au terrain houiller en place. Depuis que j'avais avancé cette hypothèse dans un précédent mémoire, elle avait été combattue par M. Chapuis. J'ai longuement répondu aux objections présentées par M. Chapuis, en reconnaissant toutefois qu'il convenait, comme M. Chapuis l'a montré, de substituer partout, dans mon ancienne interprétation, la faille d'Abscon au cran de retour. J'ai pu, dans cette discussion, ajouter de nouveaux arguments, préciser le caractère du faisceau de Douai et montrer, en particulier, que la comparaison avec les coupes du Pas-de-Calais semble trancher définitivement la question.

Enfin un examen sommaire des coupes publiées par M. l'abbé de Dorlodot pour la région de Fosse à l'est de Charleroi m'a permis, en modifiant légèrement son interprétation, de montrer que les mêmes phénomènes se poursuivaient jusque-là, qu'on y retrouvait le lambeau de poussée et la lame de charriage semblablement disposés, et que la grande faille du Midi devait se continuer jusqu'au-delà de Liège, sans diminution sensible dans l'ampleur des chevauchements.

La notion de lames de charriage, c'est-à-dire de lambeaux non renversés se trouvant à la base des lambeaux de poussée, n'est pas une notion nouvelle dans l'étude des grands phénomènes de charriage, elle a déjà été utilisée par M. Lugeon dans son beau mémoire sur le Chablais, auquel j'ai emprunté l'expression. Je crois seulement que les exemples de la Provence et du Nord en précisent mieux le rôle et l'importance ; ils montrent, en tout cas, que le fait doit être assez général et se retrouver dans d'autres pays. C'est une complication, mais une complication ordonnée et rationnelle des grands phénomènes de charriage ; elle m'a servi à souligner l'accord complet entre deux interprétations faites à distance et d'une manière tout à fait indépendante et, en accentuant ainsi le parallélisme des coupes dans la chaîne houillère du Nord et dans la chaîne tertiaire du Midi, elle met plus vivement en lumière l'invariabilité du mécanisme auquel sont dues les chaînes de montagnes.

TOURS

IMPRIMERIE DESLIS FRÈRES

6, Rue Gambetta, 6

www.ingramcontent.com/pod-product-compliance
Ingram Content Group UK Ltd.
Pitfield, Milton Keynes, MK11 3LW, UK
UKHW020346180726
13839UKWH00002B/952

9 782329 493008